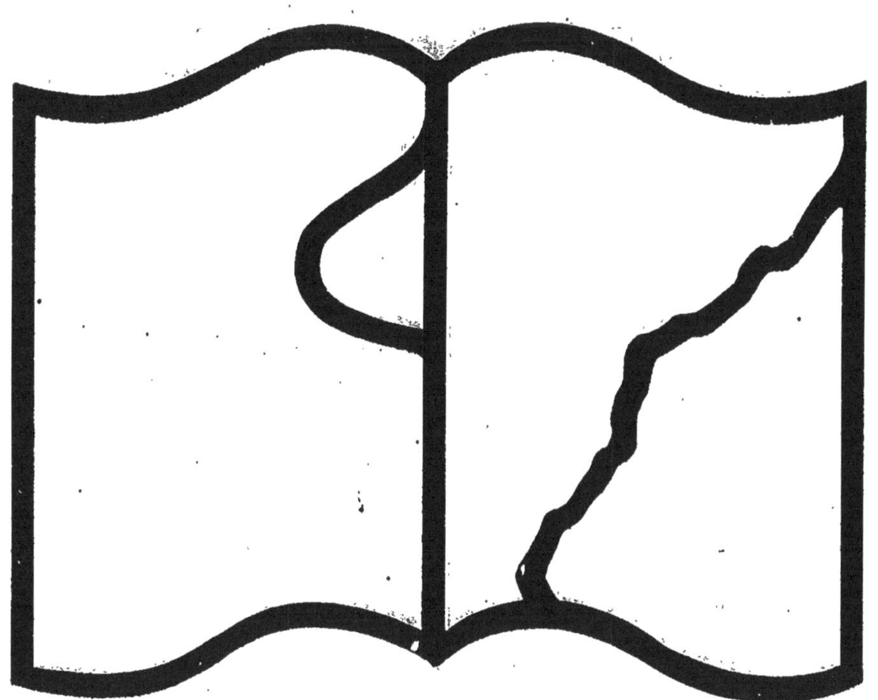

Texte détérioré — reliure défectueuse

NF Z 43-120-11

Symbole applicable
pour tout,ou partie
des documents microfilmés

ÉTUDES

ÉLECTRIQUES ET MÉCANIQUES

SUR

LES CORPS SOLIDES

ÉTUDES
ÉLECTRIQUES et MÉCANIQUES
SUR
LES CORPS SOLIDES

CONFÉRENCES

PAR

LAZARE WEILLER

CHEVALIER DE LA LÉGION D'HONNEUR
OFFICIER D'ACADÉMIE

PRIX : 7 fr. 50

PARIS

LIBRAIRIE CENTRALE DES SCIENCES MATHÉMATIQUES,
ÉLECTRICITÉ, ARTS MILITAIRES ET INDUSTRIELS,
AGRICULTURE, ETC.

J. MICHELET,
25, QUAI DES GRANDS-AUGUSTINS

1885

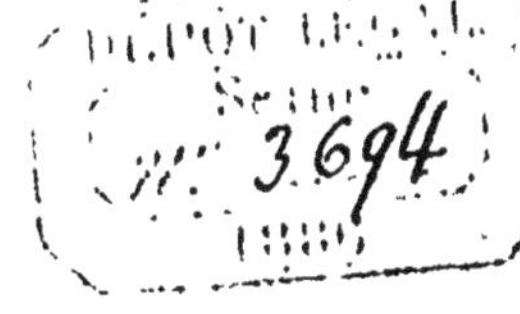

ÉTUDES
ÉLECTRIQUES ET MÉCANIQUES

sur

LES CORPS SOLIDES

PREMIÈRE CONFÉRENCE

FAITE A LA SOCIÉTÉ INTERNATIONALE DES ÉLECTRICIENS
DANS SA SÉANCE DU 7 MAI 1884

RECHERCHES

sur la

CONDUCTIBILITÉ ÉLECTRIQUE

des

MÉTAUX

ET DE LEURS ALLIAGES

RECHERCHES

SUR LA

CONDUCTIBILITÉ ÉLECTRIQUE

DES

MÉTAUX

ET DE LEURS ALLIAGES

MESSIEURS,

DANS l'examen de tout problème d'électricité, et particulièrement dans l'étude de l'électricité dynamique et de ses applications générales, on se trouve, dès le début, amené à rechercher les conditions de sa canalisation.

Qu'il s'agisse de lumière, de force, de chaleur, de phénomènes chimiques ou mécaniques, en un mot, d'une transformation quelconque de l'électricité, il est toujours indispensable de connaître la quantité d'électricité produite à l'origine et son rendement au point où elle est utilisée.

La nature du conducteur intervient donc comme un des éléments principaux du problème.

Dans la machine dynamo-électrique elle-même, qui n'est en somme qu'un conducteur ou une série de conducteurs soumis à l'induction magnétique, l'intervention de la conductibilité joue aussi un rôle capital.

Il serait superflu d'insister davantage à cet égard devant un auditoire aussi compétent que celui-ci.

Il est donc extrêmement intéressant d'être fixé d'une façon certaine sur la manière dont se comportent les divers métaux et alliages au point de vue de la transmission de l'électricité.

Cette question mérite d'autant plus votre attention que les divers physiciens qui l'ont traitée jusqu'ici n'ont pu arriver à des résultats concordants, soit par suite de l'impossibilité où ils se sont trouvés d'opérer sur des métaux absolument purs, soit, parce que les méthodes et appareils de mesures électriques n'avaient pas, à l'époque de leurs recherches, le degré de perfection qu'ils ont atteint aujourd'hui.

Au moment où M. Mathiessen faisait ses expériences (1863), il était extrêmement difficile de se procurer certains corps à l'état de pureté absolue.

Ce physicien signale la difficulté que l'on éprouvait à produire pratiquement 5 ou 10 kilos de corps chimiquement purs, tandis que, moins de vingt ans plus tard, on est arrivé, comme vous le savez tous, à réaliser dans diverses usines, une production journalière de plusieurs tonnes de dépôts électrolytiques de cuivre, d'or et d'argent, dans des conditions véritablement économiques.

Les procédés en usage dans ces usines, et en particulier à Hambourg dans les établissements de la Norddeutsche-Affinerie, en Belgique et en Angleterre, permettent de traiter des minerais de cuivres argentifères contenant de petites quantités d'argent et des traces d'or qu'on n'avait pu extraire par d'autres méthodes, et dont la présence n'est pas intervenue jusqu'à ce jour dans la valeur marchande du minerai.

Plusieurs essais analogues ont été entrepris en France, et nous avons tout lieu d'espérer qu'avant longtemps cette industrie, qui n'est encore qu'à ses débuts, aura pris rang, chez nous, à côté des industries semblables qui prospèrent à l'étranger.

Pour arriver à un tel résultat, on peut être sûr de l'initiative et des efforts industriels. Que l'État les défende, les soutienne et les encourage, et le succès désiré ne tardera pas à être obtenu.

————

DANS de telles conditions, il devenait plus facile et aussi plus nécessaire de revoir et de compléter les travaux antérieurs.

C'est ce que j'ai pu entreprendre, grâce aux facilités spéciales que me donnent un laboratoire d'études soigneusement installé et une usine où sont appliqués, à grande échelle, des procédés de fabrication qui n'étaient pas sortis auparavant du cabinet des chimistes.

Je vais avoir l'honneur de résumer devant vous les recherches que j'ai poursuivies depuis plusieurs années. Les résultats obtenus sont loin d'être absolument complets, mais ils permettent déjà d'examiner de plus près certains points de théorie au sujet desquels les idées ne sont pas encore bien arrêtées. Ils donnent, en tous cas, des corrections utiles aux diverses tables qui ont été publiées dans les ouvrages, et qui sont, pour la plupart, entachées d'erreurs.

A ce double titre, Messieurs, je les crois de nature à fixer votre bienveillante attention.

I. — POUVOIR CONDUCTEUR DES MÉTAUX ET DE LEURS ALLIAGES.

LES recherches relatives à la conductibilité électrique des corps ne remontent pas à un grand nombre d'années. C'est Priestley qui, le premier, a tenté de déterminer le pouvoir conducteur des métaux pour l'électricité statique. Sa méthode de comparaison n'avait rien de précis ; elle consistait à prendre deux fils de même longueur et de même diamètre, et à les faire traverser par des décharges jusqu'à ce que l'un d'eux fût fondu. Celui-là était considéré comme étant le plus mauvais conducteur.

Davy appliqua la même méthode générale, avec les courants voltaïques, et arriva à établir ainsi la loi relative aux variations de la résistance électrique avec la section des fils et leur longueur.

M. E. Becquerel, qui a rappelé dans un mémoire les origines de ces recherches, donne le tableau des conductibilités relatives mesurées par son père qui est le premier physicien auquel on doive des expériences véritablement sérieuses sur la question.

Ce tableau est le suivant :

Cuivre	100
Or	93.60
Argent	73.60
Zinc	28.50
Platine	16.40

Fer	15.80
Étain.	15.50
Plomb . . .	8.30
Mercure . . .	3.45
Potassium . .	1.33

Depuis, M. Pouillet se livra aux mêmes mesures, et établit le tableau ci-après qui présente un intérêt spécial en ce qu'il met en évidence l'influence des corps étrangers, de l'écrouissage et du recuit.

Palladium.	5761
Argent (963 de fin).	5152
Argent (900 de fin).	4753
Argent (857 de fin).	4221
Argent (747 de fin).	3882
Or pur	3975
Or (951 de fin) . .	1338
Or (751 de fin) . .	714

{	Cuivre pur	3838
{	Cuivre recuit . . .	3842
	Platine	855
	Laiton	200 à 900
	Acier fondu	200 à 500
	Fer	700 à 600
	Mercure	100

Un autre intérêt de ce tableau est le choix de l'unité à laquelle on rapporte les pouvoirs conducteurs. Pouillet a comparé les conductibilités à celle du mercure qui est le métal qu'on obtient le plus facilement pur, à cause de son état liquide et qui, en raison de cet état même, est soustrait à toutes les variations que la cuisson et l'écrouissàge font subir à la conductibilité des autres métaux.

La même préoccupation a inspiré aux membres du Congrès de 1881 le choix du mercure pour l'établissement de l'Étalon de Résistance.

La deuxième réunion de ce Congrès, close il y a peu de jours à peine, a consacré définitivement cette adoption, comme vous le savez, en définissant l'*ohm* comme étant la résistance d'une colonne de mercure de 106 centimètres de long et d'un millimètre carré de section à la température de 0° centigrade.

Les recherches très importantes de M. E. Becquerel (1846) l'ont conduit à déterminer les conductibilités relatives des métaux à une température moyenne de 12°75.

Ces résultats sont consignés dans le tableau ci-après :

| | Pouvoirs conducteurs relatifs | | Rapport de la conductibilité du métal recuit et écroui |
	Écrouis	Recuits	
Argent pur . (réduit du chlorure)	93.448	100	1.0701
Cuivre pur. (précipité électro-chimique, puis fondu)	89.084	91.439	1.0264
Or pur. . . .	64.385	65.458	1.0165
Cadmium . .	24.574		
Zinc	24.164		
Étain	13.656		
Palladium . .	12.977		
Fer	12.124		
Plomb . . .	8.245		
Platine . . .	8.042		
Mercure (14°).	1.8017		

Enfin, postérieurement à ces travaux, M. Mathiessen a publié, dans les *Pro-*

ceedings of the Royal Society, et dans les *Comptes rendus de l'Association Britan- nique*, une série de nombres que nous reproduisons ci-après, et qui ont été acceptés jusqu'à présent sans discussion pour les mesures pratiques.

MÉTAUX	Résistance en ohms d'un fil de 1^m de long et de $1^{m}/^{m}$ de diamètre	Conductibilité relative
Argent recuit. . . .	0.01937	100
— étiré	0.02103	92.1
Cuivre recuit	0.02057	94.1
— étiré	0.02014	»
Or recuit.	0.02650	73
— étiré	0.02697	»
Aluminium recuit . .	0 03751	51.6
Zinc comprimé . . .	0.07244	26.7
Platine recuit . . .	0.1166	16.6
Fer recuit	0.1251	15.5
Mercure liquide. . .	1.2247	15.8

Nickel recuit	0.1604	12
Étain comprimé. . . .	0.1701	11.4
Plomb comprimé . . .	0.2526	7.6
Antimoine comprimé .	0.4571	4.2
Bismuth comprimé . .	1.689	1,1

Alliages
- Platine 1—Argent 1 (recuit ou tiré)   0.3140   6.1
- Maillechort. . . . (recuit ou tiré)   0.2695   7.2
- Or 2 — Argent 1. . (recuit ou tiré)   0.1399   13.8

L'examen de ces divers tableaux montre le peu d'accord que présentent les résultats, non seulement quant à la valeur exacte de la conductibilité relative des métaux, mais aussi quant à l'ordre dans lequel ils sont rangés. C'est ainsi que l'argent ne vient qu'en troisième ligne sur le tableau de M. Becquerel père, alors qu'il doit occuper le premier rang ; de même le Palladium, qui est le premier sur le tableau de M. Pouillet, est en réalité dans les derniers rangs.

Ces divergences suffisent à justifier de nouvelles recherches que motivent d'ailleurs les progrès récents de la science, et la précision qui devient de jour en jour plus nécessaire dans les applications industrielles de l'électricité.

———

JE vais indiquer ci-après, le résumé des recherches que j'ai faites au point de vue de la résistance des métaux et alliages, rappeler ensuite l'influence de la température, et enfin les rapports plus ou moins étroits qui lient la conductibilité électrique à la conductibilité calorifique.

Je fais passer entre vos mains une série de barrettes qui ont été préparées pour cette étude. Ces barrettes ont été fondues, telles que vous les voyez, sous un diamètre de 13 millimètres environ. Elles ont été recoupées ensuite de façon à rendre apparent le grain de la cassure, et la partie détachée a été étirée en fils sur lesquels ont été faites les expériences dont je vais avoir l'honneur de vous communiquer les résultats.

Pour ceux de ces alliages qui ne se laissent ni étirer ni laminer facilement, tels que certains siliciures ou phosphures, les mesures ont été prises directement sur les barrettes par la méthode de sir W. Thomson.

Dans l'expérience de mesure, les barrettes, encastrées à leurs deux bouts dans des prises de courants, reposent sur des couteaux en forme de V placés à une distance invariable l'un de l'autre.

Ces couteaux sont respectivement en communication avec deux résistances composées de deux parties dont l'une est le millième de l'autre. L'extrémité de l'une est reliée à la borne fixe d'un pont de Wheatstone à curseur ; l'extrémité de l'autre au curseur lui-même.

Les deux points qui séparent les résistances dans le rapport 1 — 1,000 communiquent avec un galvanomètre différentiel.

Enfin, les extrémités du pont sont reliées aux prises de courant par un circuit qui comprend une pile de quatre éléments, et une clef de contact.

La résistance cherchée est donc égale à la résistance mesurée sur le fil du pont entre son extrémité et le curseur, divisée par 1,000.

Les échantillons qui vont passer sous

vos yeux sont au nombre de trente-quatre.

Leurs conductibilités relatives, par rapport à l'argent et au cuivre pur, sont inscrites dans la liste ci-après :

1. Argent pur. 100
2. Cuivre pur. 100
3. Cuivre pur suraffiné et cristallisé. 99.9
4. Bronze silicieux télégraphique. . . . . 98.
5. Alliage cuivre et argent à 50 o/o. 86.65
6. Or pur. 78
7. Siliciure de cuivre à 4 o/o de silicium. 75
8. Siliciure de cuivre à 12 o/o de silicium. 54.7
9. Aluminium pur. 54.2

10. Etain sodé à 12 o/o de so-
    dium.   46,9
11. Bronze silicieux télépho-
    nique.   35
12. Cuivre plombifère à 10 o/o
    de plomb.   30
13. Zinc pur.   29,9
14. Bronze phosphoreux télé-
    phonique.   29
15. Laiton silicieux à 25 o/o
    de zinc.   26,49
16. Laiton à 35 o/o de zinc. .   21,5
17. Phosphure d'étain.   17,7
18. Alliage or et argent à
    50 o/o.   16,12
19. Fer de Suède.   16
20. Étain pur de Banca. . . .   15,45
21. Cuivre antimonieux. . . .   12,7
22. Bronze d'aluminium à
    10 o/o.   12,6

Afin qu'on puisse déterminer la résistance électrique absolue de chacun des métaux et alliages dont nous venons de parler, en même temps que leur conductibilité relative, nous établissons ci-après un tableau donnant cette résistance pour chacun des corps examinés supposés en un fil de $1\ ^m/_m$ de diamètre, d'un kilomètre de longueur et à une température de 0° centigrade.

DÉSIGNATION DES CORPS	Conductibilité relative	Résistance électrique par kilomètre en fil de 1 m/m de diamètre à 0° c.
		Ohms.
Argent pur.....................	100	19.37
Cuivre pur.....................	100	19.37
Cuivre pur suraffiné et cristallisé..	99.9	19.39
Bronze silicieux télégraphique....	98	19.40
Alliage cuivre et argent à 50 %..	86.65	22.35
Or pur.....................	78	24.83
Siliciure de cuivre à 4 % de silicium.	75	25 82
Siliciure de cuivre à 12 % de silicium.....................	54.7	35.41
Aluminium pur	54.2	35 75
Etain sodé à 12 % de sodium .	46.9	41.30
Bronze silicieux téléphonique......	35	55.34
Cuivre plombifère à 10 % de plomb.	30	64.56
Zinc pur.....	29.9	64.78
Bronze phosphoreux téléphonique.	29	66.79
Laiton silicieux à 25 % de zinc.	26.49	73.12
Laiton à 35 % de zinc.........	21.5	90.09
Phosphure d'étain.	17 7	109.04
Alliage or et argent à 50 %......	16.12	120.16
Fer de Suède..................	16	121.06
Etain pur de Banca.............	15.45	125.37
Cuivre antimonieux.	12.7	152 51
Bronze d'aluminium à 10 %......	12.6	153.80
Acier Siemens....	12	161.41
Platine pur...................	10.6	182.73
Cuivre nickeleux à 10 % nickel..	10.6	182.73
Amalgame de cadmium à 15 % de cadmium..	10.2	189.90
Bronze mercuriel Dronier..... ...	10.14	191.02
Cuivre arsenical à 10 % d'arsenic.	9.1	212.85
Plomb pur.....................	8.88	218.13
Bronze à 20 % d'étain	8.4	230.52
Nickel pur...................	7.89	245.50
Bronze phosphoreux à 10 % d'étain.	6.5	298.00
Phosphuré de cuivre à 9 % de phosphore.....................	4.9	395.30
Antimoine.....................	3.88	493 22

En outre, un grand nombre d'expériences ont été faites sur des alliages qui ne sont pas représentés dans la série des barrettes qui passent devant vous.

Avant de nous arrêter sur les particularités spéciales à chaque série de corps, ajoutons que dans les résultats consignés dans notre tableau, nous avons inscrit, non pas la résistance en ohms se rapportant à un fil de diamètre déterminé, mais la conductibilité relative proportionnellement à celle du corps choisi pour étalon.

Dans l'espèce, cette conductibilité relative est rapportée à celle d'un fil d'argent pur de 1 millimètre de diamètre, qui, à $0°$ centigrade, possède une résistance de 19^{ohms} 37 par kilomètre.

L'*argent* est, avec le cuivre chimiquement pur, le meilleur conducteur de l'électricité, et c'est à ce titre, ainsi qu'en raison de la facilité avec laquelle on peut l'obtenir à un grand état de pureté, qu'il doit d'avoir été choisi comme l'étalon auquel on rapporte la conductibilité des autres corps. Il s'oxyde difficilement, et son oxyde n'est pas isolant comme celui du cuivre. Il y a dans cette dernière particularité une cause d'erreur de moins qui rend plus certaines les mesures faites sur ce corps.

L'*or* a une conductibilité de 78 %. L'alliage d'argent et d'or donne lieu à une observation remarquable. Lorsqu'on allie de faibles proportions d'or à de l'argent fin, la conductibilité électrique de l'alliage tombe immédiatement à un taux très bas. — 2 % d'or suffisent pour la réduire de 100 à 60. Elle décroît ensuite, quoique avec moins de rapidité, pour descendre à un minimum que nous avons trouvé égal à 16,12 % pour parties égales des deux métaux. De sorte que si l'on représente par une courbe la variation de conductibilité de l'alliage avec les proportions relatives des métaux composants, cette courbure affecte la forme d'une parabole, dont l'axe serait perpendiculaire à l'axe des x, qui descendrait de l'ordonnée 100 pour l'argent pur à l'ordonnée 16,12 pour l'alliage de quantités égales d'or et d'argent, et remonterait à 78 pour l'or pur.

C'est là un phénomène singulier et jusqu'ici inexpliqué qui semble indiquer qu'il se produit une sorte d'interférence analogue à celle des rayons lumineux de vibrations différentes qui s'éteignent partiellement en se superposant.

Ceci n'est pas une explication, mais une simple analogie. Remarquons, d'ailleurs, qu'il n'est pas exact, comme on l'a dit quelquefois, que dans un alliage de deux corps la conductibilité électrique est toujours inférieure à celle du corps le plus mauvais conducteur.

Il est simplement démontré que la réunion de deux corps modifie profondément leurs conductibilités individuelles, ce qui doit conduire, certainement, dans un temps donné, à des résultats théoriques intéressants.

Si nous continuons l'examen de la série des corps, nous voyons que le *platine* a une conductibilité de 10,6 %. — L'*aluminium*, qui, au point de vue de la densité, tranche avec les corps précédents, a une conductibilité relativement peu élevée, 54,2 %. Il la rachète en partie par son poids spécifique très faible. Mais c'est à tort qu'on a vu récemment dans sa légèreté une qualité qui permettrait un jour de l'employer comme fils de lignes aériennes. On a oublié de mettre en parallèle de sa légèreté sa résistance à la rupture très médiocre qui descend à 16 kilos par millimètre carré lorsque le métal est écroui, et 6 ou 7 kilos seulement lorsqu'il a été recuit.

Le *fer*, l'*acier*, le *plomb*, le *zinc* et

l'*étain* ont de faibles conductibilités, et nous n'insisterons pas sur les résultats qu'ils ont donnés. Il suffit de les mettre en regard de ceux qui ont été trouvés antérieurement.

Nous devons, au contraire, nous arrêter plus longtemps sur le *cuivre* et ses alliages, qui sont à tous égards les conducteurs types de l'électricité.

Le *cuivre* possède, en effet, lorsqu'il est pur et bien débarrassé de ses oxydes, une conductibilité égale à celle de l'argent. Il est d'un prix assez bas pour qu'il soit accessible aux emplois industriels ; il est malléable, et certains de ses alliages présentent des qualités exceptionnelles de ténacité.

Il est curieux de rappeler combien a varié la conductibilité du cuivre avec les perfectionnements apportés à sa fabrication. Dans une conférence récente sur les *conducteurs électriques*, M. Preece a rappelé quelle était la conductibilité des divers câbles sous-marins successivement posés. Le tableau qu'il donne et que nous rappelons ici montre les progrès qui ont été obtenus :

Câbles	Années	Conductibilité
Douvres-Calais..	1851	42 %
Port Patrick et Donaghadée.	1852	46
Câble transatlantique. .	1856	50
Mer Rouge.	1857	75
Malte et Alexandrie. .	1861	87
Golfe Persique.. . . .	1863	89.14
Câbles transatlantiques.	1865	96
Mer d'Irlande.	1883	97.90
Cuivre pur.		100

La même progression croissante s'est

produite dans les fils de cuivre fournis à l'administration française des télégraphes, qui, après avoir exigé, il y a plusieurs années, une conductibilité pour ainsi dire indéterminée, a été conduite petit à petit à inscrire dans les cahiers des charges de ses adjudications des chiffres comparables aux plus élevés du tableau que je viens d'indiquer.

Cette variation de la conductibilité du cuivre tient à deux causes principales : la présence des corps étrangers d'abord ; ensuite, la présence de quantités variables d'oxydule de cuivre.

MM. Mathiessen et Holzmann ont fait à cet égard des expériences intéressantes dont nous consignons ci-après les résultats.

Voici d'abord un tableau des pouvoirs conducteurs de cuivres de diverses provenances expérimentés à l'état de fils recuits :

	Pouvoir conducteur.	Température.
1° Espagnol de Rio-Tinto avec 2 % arsenic, traces de plomb, de cuivre, de nickel, d'oxydule.	14.24	14°.8
2° Russe de Demidoff—avec traces arsenic, fer, nickel, oxydule. . .	59.34	12°.7
3° Tough Cake de fabrication non spécifiée, avec traces de plomb, de fer, de nickel, d'antimoine, d'oxydule.	71.03	17°.3

4°' Best selected de fa-
  brication non spé-
  cifiée. Il contenait
  des traces de fer,
  de nickel, d'anti-
  moine, d'oxydule.   81.35   14°.2

5° Australien de Bur-
  ra-Burra, traces
  de fer et d'oxy-
  dule seulement..   88.86   14°.0

6° Américaïn. Lac Su-
  périeur, — traces
  de fer et d'oxy-
  dule, et 0,03 %
  d'argent. . . . .   92.57   15°.0

Le second tableau ci-après est relatif
à des cuivres alliés à des traces de
divers corps :

Cuivre avec		Conductibilité	
2.50 %	Phosphore.	7.24	17°.5
0.95 %	id.	23.24	22°.1
0.13	id.	67.67	20°
5.40	Arsenic.. .	6.18	16°.8
2.80	id.	13.14	19°.1
traces	id.	57.80	19°.7
3.20	Zinc.. . .	56.98	10°.3
1.60	id.	76.35	15°.8
traces	id.	85.05	10°.3
1.60	Fer. . . .	26.95	13°.1
0.48	id.	34.56	11°.2
4.90	Étain. . .	19.47	14°.4
2.52	id.	32.64	17°.1
1.33	id.	48.52	16°.8
2.45	Argent . .	79.38	19°.7
1.22	id.	86.91	20°.7
3.50	Or	65.36	18°.7
0.31	Antimoine. }	64.5	12°
0.29	Plomb.. . }		

Ces résultats sont à rapprocher de ceux que nous avons obtenus dans nos expériences personnelles, et que nous avons citées plus haut.

Enfin, d'après le même travail, nous allons donner un exemple de l'influence de l'oxydule :

Fils étirés à froid.	Mode de préparation.	Pouvoir conducteur.	Température au moment de l'observation.
Cuivre pur.	Oxyde réduit par l'hydrogène.....	93.00	18°.6
—	Cuivre galvanique non fondu	93.46	20°.2
—	Cuivre du commerce non fondu....	93.02	18°.4
—	Le précédent après fusion dans l'hydrogène.....	92.76	19°.3

Cuivre pur. Le précédent
avec courant
d'hydrogène à
travers le mé-
tal en fusion. 92.99   17°.5

On a reconnu que le
pouvoir conducteur aug-
mentait de 2.5 % envi-
ron en faisant recuire les
fils.

Cuivre contenant de
l'oxydule dont la pro-
portion n'a pu être dé-
terminée avec exacti-
tude. . . . . 73.32   19°.5

Cuivre galvanique ex-
trait d'un lingot dense,
fondu sous le charbon
et coulé dans le gaz. . 93. 3   12°.8

Cuivre d'un lingot po-
reux du même cuivre
que le précédent, mais
versé dans un moule dans
les conditions ordinaires   94. 8   13°

Cuivre galvanique cé-
menté avec du charbon
et contenant du silicium
et des traces de phos-
phore et de fer. . . .   62. 8   13°

Nous pouvons ajouter, comme com-
mentaire à ces derniers résultats, qu'en
France on prépare aujourd'hui d'une manière courante des fils de cuivres purs,
obtenus par des procédés spéciaux qui
permettent l'élimination complète de
l'oxydule. Ces cuivres atteignent ainsi
la conductibilité de l'argent.

Ils ont été mesurés tout récemment
encore au contrôle de l'administration

des télégraphes, et ils ont donné jusqu'à .102 % de conductibilité par rapport à l'étalon en usage dont l'impureté se trouve ainsi démontrée.

JE n'ai pas à rappeler, en ce moment, par suite de quelles circonstances j'ai été amené à étudier les alliages de cuivre et de silicium préparés pour la première fois dans son laboratoire par M. Henri Sainte-Claire Deville, et à les appliquer industriellement aux usages de la télégraphie et de la téléphonie.

Les cuivres et bronzes préparés dans ces conditions sont aujourd'hui utilisés, dans de très larges proportions, dans la télégraphie et la téléphonie aériennes. Leurs qualités électriques et mécaniques permettent de croire que le temps est passé où les fils de fer et d'acier avaient le monopole des transmissions aériennes.

Il est certain, comme le faisait remarquer tout récemment encore l'éminent Electricien en chef du Post-Office de Londres, « *que les lignes aériennes* » *d'aujourd'hui ne doivent plus posséder* » *uniquement une grande tension de* » *rupture. A une époque où les appareils* » *à transmissions rapides occupent toutes* » *les grandes artères télégraphiques,* » *les lignes doivent être formées de très* » *bons conducteurs, les surfaces des fils* » *doivent être assez réduites pour donner le moins de prise possible aux* » *phénomènes d'induction ; ils doivent* » *pouvoir offrir peu de prise aux vents* » *et à la neige et être pratiquement indestructibles.* »

M. Preece n'hésite pas à conclure, dans son mémoire, que les fils de fer et d'acier ont fini leur temps, et qu'ils sont appelés à être entièrement supplantés par les fils de cuivre et de ses alliages. Ceux-ci remplissent non seulement toutes les conditions exigées par les circonstances actuelles, mais encore ne reviennent, une fois posés et à longueurs égales, pas plus cher que les lignes d'autrefois.

II. — VARIATION DU POUVOIR CONDUCTEUR AVEC LA TEMPÉRATURE

ON sait l'influence que possède la température sur la conductibilité électrique. La chaleur dilatant les corps et éloignant leurs molécules qui se trouvent séparées par des intervalles plus ou moins grands, on doit s'attendre à ce que la chaleur modifie la conductibilité dans un sens ou dans un autre, suivant que le milieu intermoléculaire est plus ou moins conducteur que la molécule elle-même.

C'est ainsi que pour les métaux, l'élévation de la température diminue la conductibilité électrique. On ne connaît d'exception à cette règle que le sulfure d'argent qui, d'après Faraday, a un pouvoir conducteur croissant avec la température.

Avec les métalloïdes, c'est l'inverse ; on sait, pour citer un exemple familier à l'esprit de la plupart d'entre vous, que les lampes à incandescence ont, à chaud, une conductibilité notablement supérieure à celle qu'elles ont à froid.

M. E. Becquerel a fait à cet égard des recherches déjà anciennes (1846). Sans entrer dans le détail de la méthode qu'il a employée, nous nous bornerons à signaler les résultats qu'il a obtenus et à donner le coefficient d'augmentation de la résistance des divers métaux par degré de température.

Ce coefficient est celui qui entre dans la formule.

$R_t = R_o (1 + kt)$ sous le symbole k tandis que R_t indique la résistance à t degrés et R_o la résistance à o degrés.

Mercure	0.001040
Platine	0.001861
Or	0.003397
Zinc	0.003675
Argent	0.004022
Cadmium	0.004040
Cuivre	0.004097
Plomb	0.004349
Fer	0.004726
Étain du Commerce. (contenant peut-être du Plomb)	0.005042
Étain assez pur	0.006188

Les changements de volume dus à la dilatation n'influent pas en réalité. L'augmentation de conductibilité qui en

est la conséquence est à peu près ba-
lancée par la diminution qui résulte de
l'augmentation de longueur due à cette
même dilatation.

Dans ces conditions, pour les métaux
qui sont parmi les corps ceux qui nous
intéressent le plus, la conductibilité relative est exprimée par le tableau suivant qu'il faut rapprocher de celui qui a
été donné par le même physicien pour
une température moyenne de 12°.75.

	A 0°	A 100 par rapport à l'Argent à 0°.
Argent pur recuit.	100 »	71.316
Cuivre pur recuit.	91.517	64.919
Or pur recuit. . .	64.960	48.489
Cadmium	24.579	17.506
Zinc	24.063	17.596
Étain.	14.014	8.657

Fer recuit. 12.350   8.387
Plomb 8.277   5.761
Platine recuit. . .   7.933   6.688
Mercure distillé. .   1.7387 1.5749

Nous n'avons pas aujourd'hui à citer d'expériences personnelles à placer en parallèle avec celle-ci. Nous devons donc admettre pour le moment ces résultats avec les réserves déjà formulées plus haut quant à la pureté des corps employés et à la précision des méthodes d'expérimentation. — Nous aurons l'occasion de revenir sur cette question dans une prochaine communication.

III.—CONDUCTIBILITÉ CALORIFIQUE ET CONDUCTIBILITÉ ÉLECTRIQUE.

LES idées qui ont cours aujourd'hui sur l'identification des divers phé-.nomènes physiques et leur équivalence, ont, depuis plusieurs années déjà, conduit les physiciens à chercher un rapport entre l'Electricité, la Chaleur et la Lumière.

Sans reproduire devant vous les théories qui ont été présentées à cet égard, je vais rappeler les opinions émises sur l'analogie des phénomènes de propagation électrique et calorifique en donnant les chiffres déjà indiqués et en signalant des expériences en cours dont les résultats définitifs feront l'objet de communications ultérieures.

L'analogie dont nous parlons a été soupçonnée dès qu'on s'est aperçu que les corps se classent à peu près dans le même ordre au point de vue de ces deux propriétés. En effet, les métaux sont bons conducteurs de la chaleur et de l'électricité, tandis que les diélectriques sont, en général, de mauvais propagateurs de la chaleur.

En outre, pour les métaux du moins, les coefficients sont à peu près identiques dans les deux cas.

Voici à ce sujet le résumé des recherches de MM. Wiedemann et Franz :

	CONDUCTIBILITÉS	
	Calorifiques	Électriques
Argent.	100	100
Cuivre.	74	73
Or.	53	59
Laiton.	24	22
Étain..	15	23
Fer	12	13
Plomb.	9	11
Platine..	8	10
Maillechort...	6	6
Bismuth	2	2

Certes, ces résultats sont fort intéressants, et ils séduisent à première vue
les expérimentateurs qui cherchent une
simplification dans l'explication des phénomènes, qui croient volontiers aux lois
élémentaires, et sont toujours tentés de
ramener les conceptions théoriques à
une complète unité.

Cependant, il ne nous est pas possible de les accepter sans réserves, ainsi que les conséquences qu'on a voulu en tirer. Nous savons, en effet, que les conductibilités électriques ont dû subir des corrections importantes. Pour n'en citer qu'un exemple, nous avons vu que le cuivre qui figure au tableau de MM. Wiedemann et Franz avec le coefficient 73 partage avec l'argent le premier rang dans l'échelle des conductibilités.

D'autre part, nous trouvons d'assez sérieuses divergences que fait ressortir la liste ci-après :

	CONDUCTIBILITÉS	
	Caloriques	Électriques
Cuivre.	73.6	100
Or.	53.2	78
Zinc.	19.1	29.9
Aluminium. . . .	19.6	54.2

Bronze silicieux té-
légraphique . . 68 98
Antimoine 21.5 3.88
Étain sodé 13.34 46.9

La question méritait donc d'être entièrement reétudiée sans idées théoriques préconçues.

Nous avons entrepris cette étude nouvelle dont nous nous bornerons, aujourd'hui, à vous indiquer les premières recherches. Ces recherches ont été faites avec l'obligeant concours de M. Jannetaz, maître de conférences à la Sorbonne, qui a bien voulu mettre à notre disposition sa profonde connaissance du sujet et les appareils qui ont servi à ses travaux antérieurs sur la propagation de la chaleur dans les corps minéraux.

Voici le procédé qu'il a employé et que nous avons suivi :

L'appareil à conductibilités thermiques, planche I, imaginé par M. Jannetaz, dont un type est sous vos yeux, se compose en principe d'une plate-forme sur laquelle on place le fragment du corps dont on veut mesurer la conductibilité. Ce corps est préalablement enduit sur une surface dressée d'une mince couche de cire ou de graisse. On met alors au contact une petite sphère de platine, grosse comme une tête d'épingle, placée au sommet de l'angle formé par un fil de platine plié sur lui-même. Ce fil est introduit dans le circuit d'une pile, il s'échauffe et, la boule fondant la graisse, détermine une zone circulaire ou elliptique, dont les dimensions, eu égard à la température du fil de platine et à la durée du contact, permettent de mesurer la conductibilité du corps.

Pour compléter la description sommaire de l'appareil, il suffit d'ajouter que le fil de platine traverse de part en part un écran qui a la forme d'une boîte en cuivre rouge, percée à son centre d'un trou cylindrique. Cette boîte est traversée par un courant d'eau froide.

Enfin, disons que le fil de platine est porté par un chariot qui permet de l'amener au contact, et de l'éloigner au moment voulu.

C'est avec cet appareil que nous avons commencé nos expériences. Malheureusement, il nous a été impossible d'avoir en temps utile des plaques minces des divers alliages à expérimenter. Nous avons dû nous contenter de demi-cylindres découpés dans la partie res-

cindée de nos barrettes. Dans ces conditions, l'influence extérieure pouvait
modifier les résultats, et nous préférons,
pour aujourd'hui, ne pas indiquer des
chiffres sujets à corrections.

Il nous suffira d'indiquer que certains
d'entre eux paraissent infirmer la loi
d'identité annoncée plus haut, et,
d'autre part, qu'ils promettent des
conclusions intéressantes quant à la variation de la conductibilité thermique
dans les diverses régions d'une même
masse de métal suivant qu'il a été étiré,
laminé ou fondu ; en un mot, suivant les
circonstances diverses de sa fabrication.

Nous mettons sous vos yeux quelques
spécimens métalliques et minéraux qui
portent la trace de ces recherches. Vous
remarquerez surtout sur les seconds la
nature des courbes obtenues et leur

forme elliptique dans le sens de la schis-
tosité de l'échantillon.

Nous avons terminé les observations générales que nous devions vous présenter et qui, vous le voyez, sont aussi bien un programme de recherches à venir qu'un exposé de résultats acquis.

Nous voulons surtout, avant de finir, appeler votre attention sur le double intérêt qui s'attache à la question dont nous vous avons entretenus.

Intérêt pratique de premier ordre et déjà sanctionné par d'importants résultats industriels, au point de vue du problème si vaste de la transmission et de la canalisation de l'électricité.

Nous n'insisterons pas davantage sur ce point spécial.

Intérêt scientifique non moins grand qui touche au mode de propagation du fluide électrique et à l'essence même de l'électricité.

Parmi les faits que nous avons signalés, nous relèverons surtout cette anomalie étrange que présentent les alliages au point de vue de leur conductibilité, considérée par rapport aux conductibilités des corps composants. Ce serait l'occasion de rappeler ici les théories exposées par plusieurs physiciens éminents, et entre autres par M. Maxwell. Mais ces théories sont encore tellement hypothétiques, et leur interprétation me paraît si abstraite, que je craindrais de m'aventurer sur ce terrain.

Néanmoins, il n'est pas téméraire d'affirmer que, dans la résistance opposée au passage d'un courant électrique, l'orientation magnétique des molécules de chaque corps joue un certain rôle. Chacune d'elles, se trouvant influencée par le passage du courant, peut, à divers degrés, suivant sa composition, modifier la résistance du conducteur.

On peut aussi se demander si les molécules composées des alliages ne se comportent pas comme autant de couples électriques élémentaires ayant une force électro-motrice propre que détermine le passage du courant, et qui produit dans la masse totale une série de courants particulaires analogues aux courants dits de Foucault, dont l'effet est de contrarier la propagation du courant principal.

Enfin, on pourrait être tenté de croire

que, dans les alliages, les files de molécules de même espèce ne se comportent
comme la réunion en un seul câble des
métaux composants.

Puisque nous avons choisi l'exemple
typique d'un alliage à 50 % d'or et 50 %
d'argent, voyons comment se produit la
propagation de deux fils de ces métaux
qu'on juxtaposerait. — Dans ce cas, les
résistances de l'or et de l'argent étant
représentées par R_1 et R_2, la résistance
de l'ensemble est donnée par la formule
des courants dérivés.

$$X = \frac{R_1\,R_2}{R_1 + R_2}$$

En appliquant le calcul à deux fils de
1 millimètre de diamètre, ayant l'un
(celui d'argent) 19^{ohms} de résistance par
kilomètre, l'autre (le fil d'or) $24^{ohms}\,56$,

on trouve pour la conductibilité de l'ensemble 10^{ohms} 67.

En fondant ces deux fils en un seul de longueur égale et de section double, la résistance totale est, d'après l'expérience citée tout à l'heure, de 58^{ohms} 50.

Ce·résultat montre que l'application de la règle des courants dérivés ne suffit pas pour expliquer les particularités singulières que présente la conductibilité électrique des alliages.

Il intervient une autre cause, soit l'une de celles que nous avons indiquées plus haut, soit une cause inconnue qui modifie intimement l'écoulement de l'électricité.

Nous nous permettons de signaler cette étude aux physiciens, et nous sommes prêt à y consacrer nous-même tous nos efforts.

Si cette tâche, à la hauteur de laquelle nous voudrions pouvoir nous élever, est couronnée de succès, nous en serons suffisamment récompensé par la satisfaction que donne le travail à ceux qui vont y chercher un progrès pour la science et aussi un refuge pour leurs peines.

ÉTUDES

ÉLECTRIQUES ET MÉCANIQUES

SUR

LES CORPS SOLIDES

DEUXIÈME CONFÉRENCE

SUR LA

DÉFORMATION

DES

CORPS CYLINDRIQUES

APPLICATION AUX FILS DE BRONZE
TÉLÉGRAPHIQUE ET TÉLÉPHONIQUE

INTRODUCTION

Dans une conférence précédente, j'ai examiné au point de vue de leur conductibilité électrique et calorifique les métaux et leurs alliages les plus usités.

Dans mon étude d'aujourd'hui, je vais essayer de mettre en lumière les différents phénomènes qui accompagnent la déformation mécanique des corps cylindriques employés comme conducteurs de l'électricité.

Ces recherches, aussi bien que les précédentes, seront, je crois, de nature à présenter quelque intérêt dans l'usage, la manipulation et la pose des fils. Elles montreront aussi, par la reproduction photographique, des observations expérimentales qui ont été faites, les différentes phases que traversent les corps solides au moment de leur déformation. Elles pourront donc attirer l'attention, non seulement des électriciens qui, tous, se servent plus ou moins de conducteurs électriques, mais aussi de ceux qui s'intéressent plus particulièrement aux transformations mécaniques que peuvent subir les corps solides.

SUR LA DÉFORMATION
DES SOLIDES EN GÉNÉRAL

Dans l'industrie, l'une des questions principales que l'on a à résoudre est la suivante : étant donné un morceau de métal, sous une forme brute quelconque, l'amener à une forme déterminée.

La matière qui sert de point de départ peut être de telle nature ou de telle autre, fer, cuivre, plomb, laiton, bronze ; le métal donné peut être en planches, en barres ou en lingots ; il s'agit, en tous cas, de l'obtenir dans un état définitif déterminé *à priori*, rondelle, barre, roue, coussinet, tube, fil, etc.

Il est évident qu'un des procédés les plus simples que l'on puisse concevoir est le passage par l'état liquide, ou, en d'autres termes, la fusion et le moulage. C'est là un procédé que nous laisserons aujourd'hui complètement de côté ; nous voulons ici montrer seulement, par l'examen approfondi de quelques cas particuliers, combien il est nécessaire d'étudier avec le plus grand soin les différentes formes que peut prendre un corps déterminé sous l'influence de forces extérieures, examen nécessaire, tant pour pouvoir reconnaître avec certitude ses qualités, que pour

déterminer avec précision les conditions auxquelles il peut satisfaire sans
danger.

Qu'il nous soit permis, cependant,
avant d'attaquer le problème que nous
nous sommes posé, de signaler rapidement l'importance industrielle et
scientifique de l'étude de la déformation des solides. La place bien petite
que nous demandons pour nos recherches se trouvera ainsi bien précisée,
et la portée de nos conclusions bien
délimitée.

———————

IL est évident que les procédés à
employer, que les modes de transformation sont bien différents, suivant,
par exemple, que, partant d'une barre

prismatique à section carrée (fig. 1),
nous voulons en déduire des barres
de l'une des sections indiquées dans
la figure 2.

FIG. 1

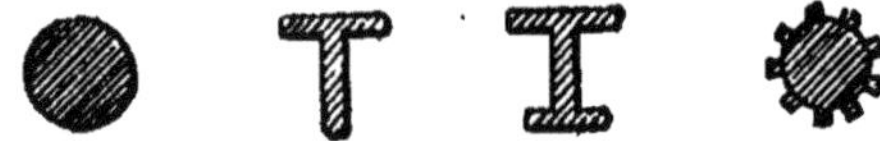

FIG. 2.

Mais dans chacun des cas, il sera
intéressant, sinon indispensable, de
connaître les états différents par lesquels doit passer la barre primitive.
Cette étude sera importante à tout
instant de la transformation ; grâce à
elle, nous pourrons déterminer et
modifier au besoin le diamètre des

cylindres, apprécier la nature et les qualités du métal à employer, savoir à quel état calorifique il est nécessaire de le mettre en machine, et comment il convient de le présenter.

L'étude suivie des modifications de la barre permettra de voir d'une façon précise quelles sont les cannelures les plus propres à fournir le résultat désiré, quels sont les diamètres successifs à donner à nos filières; elle nous fournira, en un mot, tous les moyens nécessaires pour mener à bien notre travail.

Nous reviendrons, d'ailleurs, une autre fois plus au long sur ces différentes questions.

Ce que nous venons de dire s'applique immédiatement, avec quelques modifications de détail que l'on peut prévoir,

au travail du forgeron, à celui du chaudronnier, au poinçonnage, à l'emboutissage, etc., etc. En chaque cas, il
est nécessaire de suivre de près la
marche du travail. N'est-ce point là,
d'ailleurs, ce que fait l'ouvrier intel-
ligent?

Nous espérons bientôt pouvoir, dans
une prochaine étude, exposer complètement nos idées à ce sujet. Les
recherches suivies que nous avons faites
sur les bronzes, sur les laitons, et,
plus généralement, sur les alliages de
toutes sortes, les méthodes rigoureuses
et précises qui nous ont constamment
guidé, nous ont permis, en ce qui
concerne les fils conducteurs d'obtenir
des résultats auxquels, il y a six ans
seulement, personne n'aurait osé songer.
Remplacer les fils de fer par des fils

de bronze eût en effet paru bien téméraire il y a quelques années.

Nous espérons, dans un tout autre
ordre d'idées, arriver par des méthodes
analogues à des résultats non moins
importants. Nous voulons parler de la
fabrication des cartouches. On peut
affirmer que les alliages employés
jusqu'ici constituent, en réalité, une
solution approximative et peu satis-
faisante de la question. Des tâton-
nements, plus ou moins heureux, ont
fourni un alliage que l'on a dû considérer comme suffisant. Nous croyons
pouvoir montrer bientôt et d'une façon
irréfutable que l'on a su se contenter
de peu. En un mot, notre intention
est de montrer combien il est peu
rationnel d'avoir encore aujourd'hui,
dans l'état actuel de la science, re-

cours à l'alliage qu'employaient nos grands-pères pour leurs fourreaux de lunettes, d'étudier les propriétés requises par un métal spécialement destiné à l'emboutissage ; nous voulons faire voir, en outre, quelles sont les déformations successives, quels sont les états déterminés qui l'amènent le plus sûrement et le plus économiquement de l'état de planches à l'état d'enveloppes de cartouches.

S'il est utile de connaître le mode de passage d'un métal d'une forme dans une autre, il ne l'est pas moins d'étudier les déformations qui peuvent affecter un métal amené à une forme considérée comme définitive.

Ces déformations peuvent être faibles

et passagères : ce sont elles alors que
l'on étudie dans la *Théorie de l'élasticité*, ce sont elles qui constituent la
base de la théorie de la résistance des
matériaux. Les questions qui s'y rattachent sont nombreuses, les applications
multiples s'offrent à chaque pas dans
la théorie des machines et des constructions ; citons quelques exemples au
hasard : grosseur et épaisseur des pièces
dans les mécanismes, meilleure forme
à donner aux balanciers, au profil des
lames des dynamomètres, aux ressorts
de suspensions simples et étagés, résistances des chaînes, diamètre à donner
aux poutres et aux colonnes, établissements des ponts suspendus, des
combles, des fermes en bois et en
fer, etc., etc.

LES déformations peuvent être, au
contraire, relativement considérables et stables ; le corps dans ce cas ne
reprendra plus, lorsque les forces qui
lui ont été appliquées seront suppri-
mées, la forme qu'il avait primitivement ; il arrivera, cependant, à un
état précis, résultat déterminé de l'action de ces forces, de son élasticité,
de sa ténacité et de sa ductilité. C'est
en réalité, un cas qui se présente bien
souvent dans la pratique, et qui n'est,
certes, pas le moins important. On a
souvent négligé son examen à un point
de vue exclusivement scientifique, à
raison même des difficultés qui s'y présentent. Et pourtant, des branches
entières d'industrie s'y rattachent : fabrication des toiles et des câbles métal-

liques., passementerie., etc, — Nous
nous proposons, dans ce travail, d'étudier
quelques déformations simples rentrant
dans ce groupe.

Il y a, enfin, des déformations extrêmes qui présentent l'intérêt le plus
grand, ce sont celles qui amènent la
cassure, la rupture par écrasement ou
par glissement, par tension ou par torsion. A chaque instant, on a recours,
dans la science comme dans l'industrie, à des déformations de ce genre,
soit pour observer les limites de
l'élasticité d'un corps, soit pour essayer
la résistance des matériaux, fils de
toute espèce, toiles, briques, mor-
tiers, etc. — Plus loin, nous aurons à
dire quelques mots des conditions et

des modes de rupture des fils de bronze utilisés comme conducteurs électriques, et, plus généralement, des fils métalliques quelconques.

HISTORIQUE

IL ne nous sera pas inutile de jeter un coup d'œil sur les travaux faits jusqu'ici, et ayant un rapport soit immédiat, soit indirect, avec le sujet qui nous occupe.

L'étude de la résistance des solides a été fondée par Galilée, à propos de la rupture des prismes. (*Opere di Galileo Galilei. Dialogo secondo. Giornata seconda.*)

Après lui, Robert Hooke énonça la

loi de proportionnalité des dilatations
et des contractions des ressorts aux
efforts qui les.amènent ou qu'elles dé-
veloppent. (*Lectures de potentia resti-
tutiva or of springs*, dans ses *Philo-
sophical Tracts and Collections*, publié
en 1678). Cette science nouvelle occupa
également Mariotte (*Traité du mouve-
ment des eaux*, 1ro partie, 2e discours,
1684), Leibnitz (*Demonstrationes novae
de resistentia solidorum*, Acta Erudi-
torum Lipsiae (1684), ou encore *Leib-
nizens Matematische Schriften*, publié
par Gerhardt, Halle 1860, VI, 106-111),
Jacques Bernoulli (*Véritable hypothèse de la résistance des solides avec
la démonstration de la courbure des
ressorts*. Jac. Bernoulli, Opera II,
p. 396).

Les faits connus étaient encore trop

peu nombreux, la théorie était encore trop jeune pour ne pas être entachée d'erreurs. Et, cependant, elle offrait déjà de belles questions de science pure ; c'est ainsi que l'étude de la courbe élastique commencée par Jacques Bernoulli, a été jusqu'à nos jours l'objet des travaux des nombreux mathématiciens : Euler, d'Alembert, Lagrange, Binet, Hill, Hermite, etc.

En 1773, Coulomb reprit la question dans un mémoire excessivement remarquable (Essai sur une application des règles *de maximis et minimis* à quelques problèmes de statique, relatifs à l'architecture). C'est, en réalité, ce mémoire qui a servi de base et de point de départ à tous les travaux qui ont paru depuis sur la résistance des matériaux et sur l'élasticité.

ES méthodes pour la détermination numérique des coefficients d'élasticité des matériaux étaient nécessaires. En même temps que la théorie se formait, il fallait des données numériques pour en contrôler les résultats et en appuyer les conclusions. Citons, à ce propos, les mémoires suivants :

DUPIN. — Expériences sur la flexibilité, la force et l'élasticité des bois (Journal de l'École polytechnique, 17e cahier).

DULEAU. — Essai théorique et expérimental sur la résistance du fer forgé (1820).

BARLOW. — An Essay on the strength and stress of timber (1817).

BARLOW. — A Treatise on the strength of timber cast iron (1837).

HODGKINSON. — Mémoires de Manchester. Nouvelle série, t. IV.

TREDGOLD. — On the resistance of solids, with tables... Tilloch Phil. Mag. L. 1817, 413-428.

— On the transverse strength and resilience of timber. Tilloch, LI, 1818, 214-216.

— On the resilience of materials with experiments, id. 276-279.

— Essay on the strength of cast iron.

— Experiments on the elasticity and strength of hard and soft steel. Ph. Trans. 1824, 354-359.

Tredgold.—Elementary principales of
Carpentry.

Wertheim.—Recherches sur l'élasticité et la ténacité des
métaux C. R. xv, 1842.
110-115, 115-117.

— Recherches sur l'élasticité. C. R. xix, 1844, 229-
234. Ann. de Chimie,
xii, 1844, 385-454, 581-
624.

— Note sur la torsion des
verges homogènes. C.
R. xxiii, 1848, 649-658.
Ann. de Chimie, xxiii,
1848, 52-95; xxv, 1849,
209-215; L, 385-431, 195-
321.

Citons encore les travaux d'Okatow
(Bulletin de l'Académie de Saint-Pé-

tersbourg), de Phillips (Ann. des Mines, 1869) sur la détermination des coefficients et limites d'élasticité. Signalons, enfin, quelques mémoires de Bauschinger (Dingler J.), de Tresca (C. R. LXXXVIII, 1879), de Pscheidl (Wien. Berichte. LXXIX, 1879), et de Kirkaldi (Expériences sur des barreaux de fer suédois).

LES observations et les expériences étaient utiles aux théoriciens qui, de leur côté, allaient de l'avant.

En 1798, Girart publiait un traité analytique de la résistance des solides, mais n'y tenait pas compte des expériences de Coulomb.

En 1807, Th. Young donnait pour

les cas les plus simples des formules relatives à la flexion avec ou sans rupture. (A course of lectures on natural Philosophy, II, section 9.)

Mais un de ceux à qui, sans contredit, la théorie de la résistance des matériaux doit le plus est Navier. Dans ses mémoires et dans ses leçons, il arrive à donner à la théorie de Coulomb une forme à peu près définitive :

Notes sur la science des Ingénieurs de Bélidor (1818) ;

Lithographie des premières leçons (1819-1820) faites à l'Ecole des Ponts et Chaussées ;

Notes sur la construction des ponts de Gauthey (1819) ;

Résumé des leçons données à l'Ecole des Ponts et Chaussées sur l'application de la mécanique à l'établissement des constructions et des machines ;

Mémoire sur l'équilibre et le mouvement des solides élastiques. (Mémoires de l'Institut, t. VII, 1827.)

En même temps, Cauchy s'occupait de la théorie de l'élasticité, à un point de vue bien différent, il est vrai, mais ses résultats offrent pourtant de l'intérêt dans l'étude de la résistance des solides. (Exercices de Mathématiques, II, 1827 ; III, 1828 ; IV, 1829.) Poisson publiait un mémoire sur les corps élastiques (Mém. de l'Institut, VII, 1828); et Lamé et Clapeyron, un mémoire sur l'équilibre intérieur des solides homogènes. (Mém. des Savants Étrangers, 1829.) Les applications suivaient de près, grâce à Morin et à Poncelet.

Enfin, dans une série de travaux qui

s'étendent depuis 1843 jusqu'à maintenant, M. de Saint-Venant a fait de la
théorie des déformations des prismes,
une des branches les plus achevées et
les plus parfaites de la physique mathématique et de la théorie de l'élasticité.
Nous ne pouvons que renvoyer à ses
mémoires, et en particulier à ceux qui
nous ont été utiles :

Comptes rendus de l'Académie des
Sciences, XVII, 1843, 942-954, 1020-1031,
1180-1190; XIX, 1844, 36-44, 181-187;
XXI, 1845, 24-26; XXIV, 1847, 485-488,
847-849; XXXVI, 1853, 1028-1031; XLVI,
1858, 34-38; LIII, 1861, 1107-1112 ; LVI,
1863, 1150-1154; LXV, 1864, 806-809;
LXXII, 1871, 355-361, 391-394; LXXXIII,
1871, 1181-1184; LXXIV, 1872, 1009-
1015; LXXVII, 1878, 849-854, 893-899;
LXXXVIII, 1879, 142-157.

Journal de Liouville, x, 1844, 191-192, 275-284; I₂, 1856, 89-189; XVI₂, 1871, 275-307, 308-316, 373-382.

Société Philomatique, 1844, 26-28.

L'Institut, XXII, 1854, 220-221, 428-431; XXIII, 1855, 248-250, 440-442 ; XXIV, 1856, 457-459; XXVI, 1858, 178-179; XXVIII, 1860, 294-295.

Les Mondes, III, 1863, 568-573; VI, 1864, 607-608.

Il convient surtout de signaler le mémoire fondamental, paru dans le tome XIV des *Mémoires des Savants Étrangers* (1853), et ayant pour titre : « Mémoire sur la torsion des prismes, avec des considérations sur leur flexion, ainsi que sur l'équilibre intérieur des solides élastiques en général, et des formules pratiques pour le calcul de leur résistance à divers efforts s'exerçant simultanément, » et aussi le mémoire de 1856, inséré dans le *Journal de Liouville :* « Mémoire sur la flexion des prismes, sur les glissements transversaux et longitudinaux qui l'accompagnent lorsqu'elle ne s'opère pas uniformément ou en arc de cercle, et sur la forme courbe affectée alors par leurs sections transversales primitivement planes. »

Nous avons laissé de côté, dans ce qui précède, tout ce qui, en appartenant au domaine de la théorie de l'élasticité, ne rentrait pas directement dans l'étude de la déformation des solides. Nous n'avions pas à nous étendre ici sur les travaux relatifs, par exemple, aux vibrations des verges, des plaques, des cloches, etc. Nous resterons encore, cependant, dans les limites que nous nous sommes imposées, en renvoyant, en ce qui concerne la théorie de la flexion, au mémoire de Burr (American Journal of Mathematics, II, 1879, 13-45), et aux notes de Boussinesq (C. R., LXXXVIII, 1879), et de Mathieu (C. R., XC, 1880, 739-741, 1272-1274). Nous aurons terminé ce qui concerne les déformations faibles, en citant les traités généraux écrits sur la matière : les immortelles leçons sur la théorie mathématique de l'élasticité des corps solides de Lamé (1853), le Traité de mécanique de Resal (1880), la Theorie der Elasticität fester Körper de Cletsch (1862), et le Treatise on Natural Philosophy de Thomson et Tait (1883).

A l'égard des déformations considérables des corps, l'historique est
beaucoup plus rapide à faire. Nous réu-
nirons dans la même analyse ce qui a rapport aux changements destinés à fournir
un corps de forme déterminée, aux déformations auxquelles peut être soumis ce
même corps, et aussi à la rupture.

Il est juste de citer, dans le mémoire
de Coulomb dont il a déjà été question,
une note importante sur la rupture, de
trois pages seulement, mais de trois
pages fondamentales. Puis, viennent les
recherches de Vicat : Recherches sur
les phénomènes qui précèdent la rupture
(Annales des Ponts et Chaussées, 1883).
Nous arrivons, enfin, aux travaux de
M. Tresca, édifice imposant auquel nous

serions heureux d'ajouter notre pierre dans les pages qui vont suivre. Les principaux mémoires de M. Tresca sont les suivants : Mémoire sur l'écoulement des corps solides soumis à de fortes pressions (C. R., LIX, 1864, 754-758; Annales du Conservatoire, VI, 1866, 9-62). Sur l'écoulement des solides soumis à de fortes pressions (Mémoire des Savants Étrangers, XX, 1872, 73-125, 281-286) ; Sur l'application de l'écoulement des corps solides au laminage et au forgeage (id., 137-184); Mémoire sur le poinçonnage et la théorie mécanique de la déformation des métaux (C. R., LXX, 1970, 27-31; Mémoire des Savants Étrangers, XX, 1872, 617-638).

On sait que Tyndall s'était occupé de la plasticité de la glace, on connaissait également quelques remarques du même

genre relatives au verre et à la cire.
M. Tresca, généralisant la question, fit
des expériences sur les métaux, et arriva
aux conclusions les plus curieuses et les
plus inattendues. Les analystes s'empres-
sèrent d'essayer de soumettre au calcul
les faits ainsi observés, et l'on conçoit
fort bien que M. de Saint-Venant dût
être un des premiers à étendre et à modifier, dans ce cas plus compliqué, les
formules qu'il avait établies pour les faibles déformations. De là, plusieurs notes
dans les Comptes rendus : LXVI, 1868,
1311-1324; LXVII, 1868, 131-137, 203-211,
278-282; LXVIII, 1869, 221-237, 290-301;
LXX, 1870, 309-311. M. Maurice Lévy
cherchait, en même temps, à établir les
équations générales des mouvements in-
térieurs des corps solides ductiles au-delà
des limites où l'élasticité pourrait les ra-

mener à leur premier état (C. R., lxx, 1870, 1323-1325; lxxiii, 1871, 1098-1103. Liouville J., xvi,, 1871, 369-372). Pendant ce temps, M. Tresca continuait ses études de prédilection sur les déplacements moléculaires : Etudes sur la torsion prolongée au-delà de la limite d'élasticité (C. R., lxxiii, 1871, 1104-1105 1153-1155); Sur le rabotage des métaux (Mémoire des Savants Étrangers, xxvii, 1883, 1-190; C. R., lxxiii, 1871, 1307, 1311); Notes sur les propriétés mécaniques des différents bronzes (C. R., lxxvi, 1873, 1232-1240).

Au moment où nous traçons ces lignes, nous apprenons la mort de M. Tresca. C'est grâce à ses travaux que nous avions pu commencer l'étude présente. Nous espérions qu'il verrait avec plaisir nos humbles recherches;

nous comptions sur quelques bons conseils, sur quelques renseignements utiles. Cet espoir nous est enlevé. La science a perdu un de ses maîtres ; tous ceux qui le connaissaient ont perdu un ami.

La plasticité des solides est devenue la source de nombreux travaux : Auer, Warrington, Bottomley, Marangoni, Kick, Schmidt, etc. A propos de la torsion, citons encore Perard (Revue universelle des mines, 1879), et Wiedemann (Pogg. Ann., VI, 1879).

PROBLÈME

L A question particulière que nous voulons, aujourd'hui, soumettre à une analyse suivie, est celle de la déformation des corps cylindriques, et, en particulier, des fils de bronze télégraphiques et téléphoniques.

En mécanique et dans la théorie de l'élasticité, quand il est question d'un fil, on a en vue d'une façon toute spéciale le cas où les dimensions de la base du cylindre sont infiniment petites relativement à sa longueur.

Nous avons eu ici à considérer des fils de section bien déterminée, et, comme on va le voir, il nous était indispensable de tenir compte du diamètre de nos fils. Nous avons affaire, non plus à des fils théoriques, mais bien à des cylindres à base circulaire. Ce sont ces raisons qui nous ont guidé dans le choix du titre de notre conférence.

Le cylindre de bronze silicieux que nous avons en notre possession, doit pour certains essais indispensables, comme la mesure de la résistance à la rupture, ou encore pour d'autres essais que l'on a considérés jusqu'ici comme nécessaires, nous voulons parler du pliage, être soumis à des manipulations successives, à des déformations particulières que nous avons cru devoir étudier. D'autre part, les fils de bronze employés en télégraphie et en téléphonie sont fournis sous forme de bottes annulaires, de couronnes ; dans l'installation des lignes, ces couronnes doivent être déroulées, et cette opération nécessite quelques précautions de détail, si l'on veut éviter la formation des boucles ou vrilles qui, entre les mains d'ouvriers inattentifs ou inexpérimentés, pourraient se présenter, et occasionner peut-être la rupture de la ligne. Il nous a donc paru utile d'examiner avec soin le mode de naissance des boucles, et de préciser les conditions où une boucle, une fois formée peut être dangereuse pour la sûreté de la ligne.

Nous avons, par suite, été conduit à étudier avec attention les déformations considérables des cylindres par flexion et par torsion, à examiner ensuite avec plus de méthode et de rigueur que cela n'avait été fait jusqu'ici les différentes conditions et les différents modes de rupture d'un fil donné.

Les résultats auxquels nous sommes parvenu dans cette étude, appliqués d'une part au procédé auquel on a donné le nom de pliage, de l'autre, à l'examen de la formation des boucles, nous ont fourni des résultats précis, et ne manquent pas d'intérêt pratique.

DÉFORMATION D'UN CORPS CYLINDRIQUE ·

***

Un cylindre étant donné, on le déforme en lui appliquant des forces absolument quelconques, forces suffisamment grandes, toutefois, pour que le corps soumis à l'épreuve prenne une forme différente de son état primitif. Nous nous proposons d'étudier, dans les différents cas qui peuvent s'offrir, le corps ainsi transformé. Il est évident que les forces appliquées doivent être de beaucoup supérieures à celles mises en jeu dans la théorie de l'élasticité ; nous considérons, en effet, la matière dans ces diverses expériences, non seulement comme élastique, mais aussi et surtout comme plastique.

Nous aurons, certainement, à tenir compte de la grandeur, de la nature et de la direction des efforts qui amènent les changements d'état ; remarquons, cependant, que ce qui nous importe, et ce qui nous intéresse le plus, est l'appréciation aussi exacte que possible des dilatations et des contractions des différentes parties du cylindre, l'opération une fois terminée. Des divisions rationnelles s'imposent dans ces recherches. Il peut arriver, tout d'abord, que les déplacements des molécules du système déformé sont parallèles ou à peu près parallèles à un même plan ; on dit alors qu'il y a flexion. En second lieu, les déplacements peuvent se faire autour d'un axe fixe, auquel cas il y a torsion. Enfin, il peut y avoir, à la fois, flexion et torsion, nous disons alors que la déformation est gauche.

DÉFORMATION PAR FLEXION

PRENONS une barre cylindrique de bronze de diamètre assez considérable, serrons une de ses extrémités entre les mâchoires d'un étau, et appliquons à l'autre extrémité un effort considérable. Nous fléchirons la barre et l'amènerons assez facilement à un état où les contractions et les dilatations des parties voisines seront tout à fait appréciables. Il est certain, tout d'abord, que les contractions et les dilatations seront d'autant plus sensibles que la flexion sera plus grande, que la courbure

de la barre déformée sera plus petite.
Pour nous rendre compte d'une façon
aussi exacte que possible de la nature
de ces déformations, nous avons fait
tourner une barre, puis nous l'avons
fait fileter; nous avons ainsi obtenu
un cylindre sur les génératrices duquel
étaient tracées, à l'état primitif, des
divisions équidistantes.

Le cylindre a été déformé par l'action
d'une force considérable qui, pendant
l'opération, était et demeurait dans un
plan perpendiculaire aux mâchoires
destinées à maintenir une des extrémités. Nous sommes arrivé à obtenir
un système déformé pour lequel une
des portions a une courbure suffisamment accentuée. En même temps,
l'opération était répétée sur un autre
cylindre, mais nous nous arrangions en

sorte que, pour cette nouvelle barre, le rayon de courbure fût aussi petit que possible. Nous avons eu soin dans la manipulation de ne pas soumettre à des efforts de pression particuliers les portions les plus incurvées, pour nous les plus intéressantes. Nous avons eu ainsi deux barres filetées, considérablement fléchies, dont l'examen. est des plus importants pour ce qui va suivre.

Les barres résultant des opérations décrites précédemment ont été photographiées chacune dans deux positions, et sont représentées sur les planches I et II. Une photographie nous a paru préférable à un dessin, si bien fait et si exact qu'il puisse être; des particularités peu apparentes et pourtant de la dernière importance pouvaient fort bien échapper au meilleur dessinateur. D'autre part, il est facile de vérifier nos conclusions sur ces photographies, tout aussi bien qu'on le ferait sur les cylindres métalliques. Nous appellerons première barre la barre la moins fléchie, et seconde barre celle où la flexion a été portée à sa limite extrême.

Au premier coup d'œil jeté sur la planche, il est facile d'observer sur la première barre qu'il y a dilatation sur la ·partie extérieure du crochet formé, et contraction à l'intérieur. L'expérience est d'accord avec le sentiment et la raison. La largeur d'un filet pris dans la portion où la courbure est le plus considérable varie d'une façon régulière de l'intérieur à l'extérieur, en passant en un point par une valeur où cette largeur est égale à la valeur primitive du pas du filet. Remarquons, cependant, que le point où le filet conserve ainsi son pas ne se trouve pas sur les génératrices supérieures et inférieures, en appelant ainsi les génératrices qui, avant la déformation, étaient les génératrices de contact des plans tangents parallèles au plan où s'est faite la déformation. Les points sans dilatation linéaire se trouvent pour cette barre rapprochés du contour intérieur du crochet. — Ces premières conclusions se trouvent confirmées et même accentuées par l'examen de la seconde barre. Là, les dilatations et les contractions sont devenues considérables. Sur cette barre, afin de pouvoir fermer le crochet, et augmenter autant que faire se peut la courbure, on a dû donner

à la partie libre du crochet une courbure inverse, très sensible sur la figure.
Les points à dilatation linéaire nulle se
rapprochent de la boucle, puis s'en
éloignent pour la portion où la courbure
change de sens.

Il est bon de remarquer que les
sections primitivement planes ne restent point telles après la déformation ;
ce fait est peu sensible pour la première
barre, la présence des deux courbures
de sens contraire le rend frappant sur
la seconde. Le premier fait important
que nous tirons de l'examen attentif
des figures de la planche I est le suivant :

Plus la courbure est forte, plus il
y a contraction et dilatation : contraction à l'intérieur du crochet, et dilatation à l'extérieur. Comme second résultat, énonçons le suivant, non moins

important que le précédent. Il existe des fibres pour lesquelles il n'y a ni contraction, ni dilatation longitudinale. Ces fibres ne se trouvent pas sur les génératrices inférieures et supérieures ; elles ne coïncident pas avec les fibres primitivement parallèles à l'axe ; leurs points ont une tendance à se rapprocher de l'intérieur de la courbure de la barre déformée.

Considérons une portion de la barre telle que la courbure y soit régulière, et supposons pour plus de simplicité que la flexion soit circulaire. Le centre de courbure sera alors commun pour le contour intérieur et pour le contour extérieur. Menons une section médiane de la barre comprenant ces deux contours, et traçons dans cette section la trace de la fibre sans dilatation longitu-

dinale qui est également circulaire. Soit
O le centre de courbure.

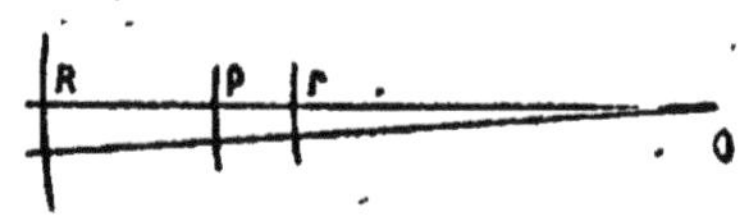

Fig. 3

et $d\omega$ un petit angle au centre. Désignons par R et r les rayons des cercles extrêmes et par ρ le rayon du filet sans dilatation longitudinale ; on a pour les longueurs des petits arcs détachés par l'angle $d\omega$ sur les trois cercles, respectivement

$$R\,d\omega,\ \rho\,d\omega,\ r\,d\omega\,;$$

la longueur primitive de ces petits arcs était $\rho\,d\omega$, on a donc pour expression de l'allongement final

$$\frac{R\,d\omega - \rho\,d\omega}{\rho\,d\omega} = \frac{R - \rho}{\rho}$$

et pour la contraction

$$\frac{\rho\, d\, \omega - r\, d\, \omega}{\rho\, d\, \omega} = \frac{\rho - r}{\rho}$$

Pour qu'il y ait égalité entre les dilatations et les contractions, il faudrait que l'on eût

$$\frac{R - \rho}{\rho} = \frac{\rho - r}{\rho}$$

$$R - \rho = \rho - r$$

c'est-à-dire que la fibre sans dilatation longitudinale devrait être la fibre centrale. Mais, en général, la fibre moyenne se trouve rapprochée du centre de courbure, on a alors $R - \rho > \rho - r$ et par suite $\dfrac{R - \rho}{\rho} > \dfrac{\rho - r}{\rho}$; les dilatations sont supérieures aux contractions.

Les conclusions précédentes s'appliquent au cas général d'une flexion à courbure variable en choisissant pour le

point O un point intermédiaire entre
les centres de courbure relatif à deux
points correspondants du contour intérieur et extérieur. On ne commet alors
que des erreurs portant sur les infini-
ments petits d'ordre supérieur au premier, par suite, complètement négli-
geables dans la pratique. Ces allongements qui deviennent maximum sur le
contour extérieur sont d'ailleurs faciles
à reconnaître par l'expérience. Prenons
une barre de bronze plus écrouie que
celles qui ont été employées précédemment, c'est-à-dire telle que l'allongement
à la rupture se trouve considérablement
amoindri, et soumettons-la à une manipulation semblable à celle décrite ci-
dessus ; on verra la barre, pour une
flexion suffisante, et, par suite, pour une
dilatation suffisamment grande des por-

tions extérieures se fendre sur ce contour, la fissure étant dans ces conditions normale, ou à peu près normale, au même contour, et se propageant lorsque l'on continue l'effort de l'extérieur vers l'intérieur.

Enfin, sur les barres photographiées, il est également facile de constater qu'il y a non seulement des dilatations linéaires, mais aussi des dilatations transversales. Nous avons déjà vu, d'ailleurs, que les sections planes de la barre ne restent point planes, après la déformation ; il est aisé de constater que sur les barres fléchies une section plane n'est plus circulaire ; elle est plutôt elliptique ; mais en y regardant de plus près, on peut reconnaître la véritable forme de cette section, et on en obtient une représentation simple, comme il suit.

Concevons une ellipse; A, A', les sommets correspondant au grand axe, B, B', ceux relatifs au petit axe; aplatissons l'ellipse en B', en même temps que nous fléchissons le grand axe A, A' vers le sommet B', nous obtenons de la sorte une représentation aussi exacte que possible de la section.

Les dilatations transversales sont, parfois, assez fortes pour provoquer la rupture de la barre; notre premier cylindre montre précisément (planche I) une fente produite par suite de ces dilatations. Pour éviter la présence de déformations de cette nature, nous avions pris comme seconde barre un métal plus mou, plus plastique que dans le cas de la première.

Appelons, pour abréger, fibre moyenne la fibre sans dilatation linéaire située

dans le plan de symétrie de la barre
déformée. Nous avons précédemment
reconnu son existence, et,. d'après ce
qui a été observé sur la surface des
barres, nous avons pu conclure qu'elle
était parfois plus rapprochée du contour
intérieur du crochet que du contour
extérieur. Nous pouvons étudier sa position d'une façon plus rigoureuse. Il est
évident, tout d'abord, que, pour une
même forme définitive de la barre, la
position de cette fibre n'est pas fixe.
Concevons, en effet, que l'on applique,
par exemple, le contour intérieur de la
première barre sur un corps solide de
forme telle que ce contour repose sur le
solide par la plus grande portion de sa
surface ; exerçons alors sur les deux
extrémités de la barre deux tensions
considérables et dans la direction même

de ces extrémités. Le corps solide, qui sert maintenant d'appui à la barre, évite par sa présence tout changement de forme important; les tensions ont donc pour effet d'augmenter les dilatations, de diminuer les contractions; par suite, de rapprocher du corps solide la fibre moyenne.

Nous pouvons encore aller plus loin. On peut imaginer les tensions appliquées aux extrémités suffisantes pour annuler toute contraction, et même les supposer telles qu'il n'y ait plus partout que des dilatations. La fibre moyenne, dans ce dernier cas, n'existerait en réalité plus, il nous est permis cependant de la regarder comme existant en dehors de la barre; nous disons alors qu'elle est virtuelle. Nous avons fait appel, pour simplifier le raisonnement, et pour le rendre plus clair et plus frappant, à un corps solide extérieur; cela n'est pourtant pas indispensable. Nous pouvons fort bien, en même temps que nous fléchissons notre barre, soumettre ses extrémités à des tensions plus ou moins grandes; nos conclusions subsisteront absolument identiques.

Nous trouvons ce résultat précis, fondamental dans l'étude des fils de bronze, et que l'examen de la planche I nous avait fait prévoir. Lorsqu'une barre est à la fois fléchie et soumise à la traction, la fibre moyenne se rapproche d'autant plus du contour intérieur que la traction est plus grande; elle peut même passer en dedans de ce contour et devenir virtuelle.

Si, au lieu de soumettre les extrémités de la barre à des tensions, on les comprimait, en s'arrangeant en sorte que la forme de la barre ne change pas, on serait conduit à des conclusions inverses; mais ce cas ne présente pour nous aucun intérêt; il n'y a jamais lieu de soumettre les fils téléphoniques et télégraphiques à des compressions agissant dans le sens de la longueur. Nous n'avons pas à nous occuper davantage de ce cas, et il nous suffisait de le signaler.

DÉFORMATION PAR TORSION

Voyons, maintenant, ce qui arrive, lorsqu'on soumet un cylindre de bronze à des torsions considérables. Il est nécessaire, dans des expériences de cette espèce, de bien faire attention au mode d'attache des barres, c'est précisément dans les parties où s'effectuent les efforts produisant la torsion que l'on doit prendre garde de déformer à l'avance le cylindre soumis à l'épreuve.

Il faut aussi avoir égard à ce fait, qu'il est excessivement difficile de produire une torsion sans introduire en même temps d'autres forces que celles

qui constituent le couple unique nécessaire. On se trouve donc exposé à
avoir des déformations autres que celles
exclusivement dues à la torsion. En ce
qui concerne les fils, la difficulté est
insurmontable ; il est absolument impossible de faire des expériencès de torsion, sans introduire en même temps
des forces de traction. Si l'on n'agis-
sait pas ainsi, il se présenterait ce phénomène remarquable que les déplacements des molécules du cylindre qui,
pour des torsions petites, s'effectuent
autour de son axe, prendraient pour
des torsions suffisamment grandes des
déplacements tout différents. L'expérience est des plus concluantes, si l'on
a recours, par exemple, à un cylindre
de caoutchouc (voir planche III).

Dans ce cas, le phénomène dont il

s'agit se présente d'une façon caractéristique, même pour des torsions relativement faibles.

Saisissons entre le pouce et l'index
de chaque main les extrémités d'un
cylindre de caoutchouc, nous n'aurons,
pour effectuer une torsion, qu'à faire
rouler une des extrémités entre les
doigts de la main droite tout en maintenant fixe l'autre extrémité, ou encore
en la faisant rouler en sens inverse, si
l'on veut qu'il reste rectiligne, d'effectuer une tension, tension d'autant plus
forte que la torsion est plus grande. Si
nous voulons savoir ce qui se passe
lorsqu'il y a torsion sans traction, nous
n'avons qu'à rapprocher les mains pendant la torsion, le cylindre rectiligne prend bientôt la forme d'une
portion de spirale; puis, la torsion deve-

nant de plus en plus considérable, il se forme une boucle, et le cylindre s'enroule sur lui-même. Les photographies de la planche III reproduisent les différentes positions successives du cylindre, telles qu'on les obtient au premier essai.

Il n'est pas nécessaire d'avoir à sa disposition un cylindre de caoutchouc. Le premier fil venu, de soie, de laine ou de coton, suffit pour faire l'expérience. Il est certain qu'avec des barres et même avec des fils moins flexibles le phénomène aura beaucoup moins de netteté ; l'observation conserve cependant toute son importance ; elle nous montre la nécessité d'une traction destinée à conserver soit à la barre, soit au fil sa forme rectiligne.

D'ailleurs, lorsqu'une barre est fixée

entre deux attaches à distance invariable
et qu'elle est ensuite soumise à la torsion, cette torsion a pour premier effet
une tendance à contracter la barre ;
mais ses deux extrémités sont fixées ;
il résulte donc de là une nouvelle tension qui s'ajoute à celle dont nous avons
précédemment reconnu l'existence, et
qui résulte de ce que l'on tient la barre
rectiligne. Ainsi, une barre dont on
laisse la longueur invariable et que l'on
soumet à une torsion est par là même
soumise à une traction égale à la somme
de deux tensions de nature toute différente, mais dont l'action s'ajoute. Nous
supposons ici, comme dans tout ce qui
suivra, que l'expérience est faite assez
lentement, pour que l'on n'ait pas à
tenir compte de la chaleur développée.

Le même cylindre de caoutchouc

auquel nous avons fait appel précédemment, nous donne encore des renseignements importants, relativement au mode d'attaches des barres ou des fils, dans ce genre d'expériences.

Saisissons entre les doigts de chaque main les extrémités du cylindre, et tordons les mains en sens inverse, tout en maintenant le cylindre tendu pour ne plus avoir le phénomène décrit tout à l'heure et en tenant d'autre part le fil serré entre les doigts. Une section perpendiculaire au cylindre ne sera pas circulaire comme elle devrait l'être, elle aura une forme elliptique due à la pression exercée entre les doigts, les petits axes et les grands axes de ces sections ovales forment deux surfaces hélicoïdales ayant pour axe, l'axe du cylindre.

La même chose se passe avec ·les barres et les fils de bronze, si· l'on ne prend pas de grandes précautions pour les attacher.

L'appareil qui nous a servi à faire les expériences est excessivement simple. Nous n'avions pas à nous occuper de la mesure des couples produisant la torsion, nous avons donc préféré à l'appareil employé par Wertheim dans ses recherches sur la torsion, le dispositif suivant (pl. IV.)

Sur un support solide est établi d'un côté une manivelle permettant de donner à un arbre horizontal un mouvement de rotation; des mâchoires sont disposées sur cet arbre, en sorte que la barre ou le fil à expérimenter ait son axe coïncidant avec l'axe de l'arbre mobile. Pour avoir un mode

d'attache parfait, on avait recours,
pour chaque cylindre à expérimenter,
à deux pièces mobiles qui, d'une part,
se fixaient dans les mâchoires, et de
l'autre saisissaient entre elles le cylindre
dans une gorge de diamètre convenable.
A l'autre extrémité du banc, est un
second arbre dont l'axe est le prolon-
gement du précédent et dont la portion
intérieure supporte des mâchoires disposées comme celles déjà décrites. Cet
arbre est relié, d'autre part, à une manivelle, au moyen d'une vis fixe; son
déplacement est simplement parallèle à
l'axe de l'instrument total; il ne peut
comme le premier subir de rotation.
La manivelle et la vis fixe adaptées à
cette seconde partie, permettent de tendre le fil ou la barre dans les limites
jugées nécessaires. Il est possible ainsi

d'exercer avant la torsion l'effort nécessaire pour tendre le fil, et éviter le
gauchissement qui se produirait, comme
il a été dit plus haut, dans le cas où on
effectuerait des torsions sans traction.

Nous avons pu avec cet appareil
observer quelques faits curieux. Considérons un cylindre métallique, et supposons, tout d'abord, qu'il ait une très
grande élasticité. La torsion effectuée à
l'un des bouts se transmet le long de la
barre, en sorte que les génératrices
primitivement rectilignes du cylindre
deviennent des hélices, à pas d'autant
plus petits que la torsion est plus grande.
Plus le corps est élastique, plus le pas
de l'hélice est régulier le long de la
barre.

Si, au contraire, nous faisons l'expérience sur un corps mou, sur un métal

très plastique, par exemple, sur du fil de gros diamètre bien recuit, l'effort exerce tout d'abord son influence dans le voisinage de l'endroit où il est appliqué, c'est-à-dire que l'action se fait sentir près des premières mâchoires. Il se transmet peu à peu, le long du cylindre, et l'on obtient sur lui comme correspondant aux génératrices primitives des espèces d'hélices à pas variables, le plus petit pas se trouvant près du point où la rotation s'effectue.

La planche IX représente deux portions d'une petite barre de bronze assez dur, où les hélices produites par la rotation sont parfaitement visibles.

Nous avons voulu également étudier ce qui arrive, dans le cas où la torsion ne se fait pas autour de l'axe même de la barre. C'est même là ce qui arrive

le plus souvent ; il faut, en effet,
prendre beaucoup de précautions pour
que l'axe du cylindre d'épreuve coïncide
exactement avec l'axe de l'instrument.

Lorsque la condition de coïncidence
des axes n'est pas remplie, les déformations moléculaires aux différents points
de la surface varient avec la position
de ce point sur la barre. Nous avons
fait l'expérience en donnant à dessein
à notre cylindre une position excentrique parfaitement accentuée ; le métal a
été également avec intention choisi plus
mou que dans le cas précédent. Les
portions voisines de la surface sont
alors soumises à une série de dilatations
non seulement transversales, mais aussi
longitudinales ; par suite de l'excentri-
cité, certaines parties supportent des
dilatations considérables relativement

à celles auxquelles sont soumis des points d'une même section. La planche V nous donne le résultat de l'opération. Les molécules qui, à certains moments, se trouvaient très éloignées de l'axe de rotation tendaient à se disjoindre ; le métal s'est pelé et la forme que nous avons obtenue rappelle les troncs d'eucalyptus tordus et supportant encore autour d'eux leur vieille écorce enroulée en spirale.

Mais, en tout cas, dans la planche V comme dans la planche IX, nous reconnaissons facilement qu'il y a à chaque instant une portion où les déplacements sont nuls ; théoriquement, cette portion serait précisément l'axe de rotation ; pratiquement et à cause des dilatations longitudinales et transversales, il n'en est pas tout à fait ainsi. Nous pouvons cependant donner au lieu des points qui, à une époque déterminée, n'éprouvent pas de déplacements latéraux le nom de fibre axiale. Dans le cas des déformations par flexion, nous avons reconnu l'existence de toute une surface pour laquelle les déplacements longitudinaux sont nuls ; nous avons distingué la fibre moyenne. Ici, nous avons à chaque instant une seule fibre axiale, sans déplacements latéraux. Les déplacements moléculaires qui ·sont dus à la fois à la torsion et à la traction se réduisent alors pour les points de cette fibre à ceux dus à la traction. Remarquons encore que, dans ce cas, les déformations des sections planes sont plus difficiles à observer, si elles existent.

Si l'on prolonge l'opération assez longtemps, il y a rupture. On obtient une section à peu près plane, montrant admirablement la portion de la fibre axiale, et sur laquelle nous aurons à revenir.

Il est bon, en terminant l'étude de ce cas, de constater que la fibre axiale peut fort bien devenir virtuelle. Cela arrivera, lorsque l'axe de torsion sera passablement excentrique.

DÉFORMATION GAUCHE

SUPPOSONS, maintenant, d'une façon plus générale, que notre cylindre de métal soit soumis à la fois à une flexion et à une torsion. Nous supposons, cependant, la torsion relativement faible, eu égard à la flexion. C'est le seul cas qui nous sera utile par la suite, et que nous ayons besoin de considérer, quand il s'agit de fils métalliques. Les torsions seront supposées voisines de celles qui sont nécessaires et suffisantes pour le gauchissement de la barre ou du fil. Nous allons voir qu'il est encore possible de constater l'existence d'une fibre moyenne réelle ou virtuelle. Traçons sur la barre déformée la courbe lieu des points où la dilatation est maxima, et la courbe lieu des points où la dilatation est minima (ou bien, la contraction maxima, ce qui revient au même); les dilatations sont comptées le le long des courbes transformées des génératrices primitives du cylindre. Nous appelons la première des courbes ainsi obtenues, contour extérieur, et la seconde, contour intérieur; ces dénominations trouveront à l'instant leur raison d'être. Concevons une surface qui comprenne ces deux contours, et aussi la courbe transformée de l'axe du cylindre primitif; nous appelons cette surface, surface médiane, et la fibre moyenne sera le lieu des points de cette surface où la dilatation, comptée parallèlement à la direction des fibres du cylindre, après la déformation, est nulle. Nous avons pris la définition précédente, parce qu'elle coïncide avec nos définitions dans le cas de la flexion, et parce qu'elle peut nous rendre les mêmes services.

En général, la fibre moyenne est située entre le contour intérieur et le contour extérieur; elle est réelle. Imaginons, cependant, comme nous l'avons fait dans le cas de la flexion, que l'on prenne un corps solide tel que le contour intérieur de la barre s'applique exactement sur sa surface. Posons sur ce corps la barre déformée, et effectuons sur ses extrémités et dans leur direction des efforts de traction considérables ; tout se passera à peu près comme dans le cas des déformations planes ; la barre conservera sa forme, le corps solide que nous avons introduit s'opposant à toute déformation ; mais les dilatations augmentent, les contractions diminuent ; la fibre moyenne se déplace, elle se rapproche du contour intérieur, et, si l'opération est prolongée et est assez puissante pour que, dans certaines portions, il n'y ait plus que des dilatations, la fibre moyenne sera extérieure au cylindre, elle n'aura plus d'existence réelle, elle sera virtuelle.

Les considérations qui précèdent trouvent leur application la plus importante dans l'expérience suivante, qui, en même temps, sert à les confirmer. Nous considérerons un fil de diamètre assez gros, que nous enroulerons en hélice, soit sur lui-même, soit sur une barre cylindrique quelconque. Nous prenons ce cas à cause de sa simplicité, et parce que l'hélice étant une courbe semblable à elle-même dans toutes ses parties, il y aura dans les faits à constater une symétrie parfaite. D'ailleurs, ce cas se présente dans la pratique, considération suffisante en elle-même pour qu'il attire particulièrement notre attention. L'hélice de contact de la barre déformée et du cylindre intérieur (en supposant qu'il y ait contact) constitue le lieu des points de contraction maximum, la courbe intérieure ; l'hélice de contact de la barre déformée avec un cylindre fictif de rayon égal à la somme du rayon du cylindre intérieur et du diamètre de la barre une fois déformée constitue le contour intérieur.

Lorsque l'enroulement du fil aura été fait sans traction considérable, avec un effort simplement assez puissant pour amener le contact du fil et du cylindre intérieur, il y aura, en général, contraction sur le contour intérieur, et dilatation sur le contour extérieur; mais si, en formant la spirale, on a fait des efforts de traction considérable, on conçoit qu'il peut y avoir dilatation également sur le contour intérieur.

La fibre moyenne est toujours une hélice; dans le premier cas, elle sera réelle; dans le second cas, virtuelle; la fibre moyenne, lorsqu'il y a partout dilatation, peut être regardée comme étant située à l'intérieur du corps d'appui.

La planche VI fournit un exemple d'un tel enroulement. La traction a dû être considérable; le fil employé était assez dur, et, pour l'appliquer sur un cylindre de même rayon que lui-même, il ne suffisait pas de le tordre simplement, il fallait le tendre fortement en même temps. Il en est résulté, pour les points situés sur le contour extérieur des dilatations considérables, voisines de celles qui correspondent à l'allongement à la rupture. Il est facile de voir sur la photographie quelques traces légères annonçant l'approche de la rupture. Nous allons, d'ailleurs, avoir à l'instant à compléter l'étude de ce cas, en parlant de la rupture.

RUPTURE D'UN FIL

LES déformations auxquelles sont soumis les cylindres peuvent non seulement dépasser les limites de l'élasticité, mais aussi celles au-delà desquelles les molécules voisines agissent l'une sur l'autre. Il y a alors rupture. Les conditions sous lesquelles un fil peut se rompre sont de plusieurs espèces; nous examinerons successivement les principales.

RUPTURE PAR TRACTION

LA charge sous laquelle se rompt un fil de diamètre déterminé est une des caractéristiques les plus importantes de ce fil. Elle varie avec la nature du métal, mais elle est et demeure la même pour des fils de même nature, et l'égalité de tension à la rupture peut être reconnue par des observateurs différents, ou par le même observateur à des époques différentes.

Nous n'avons pas ici à nous étendre sur le mode de détermination de la tension à la rupture, nous renverrons simplement pour la description des divers appareils employés : machine Lazare Weiller et Froment-Dumoulin pour les fils fins (planche VII), machine Thomasset pour les gros fils et pour les barres (planche VIII), au travail de M. Henry Vivarez : *Construction de Réseaux électriques aériens en fils de bronze silicieux ;* on y trouvera tous les renseignements nécessaires sur les procédés à employer pour l'expérimentation.

Ce que nous devons surtout examiner ici, c'est la déformation qui amène la rupture, et la rupture elle-même (planche IX).

Un fil soumis à une traction se déforme ; il ne reste pas cylindrique, il s'effile, s'amincit dans le milieu de la portion soumise à l'épreuve ; on reconnaît même que le mode d'attache du fil sur lequel on expérimente est bon à ce que la cassure se fait dans le milieu et non à l'un des points d'attache. A l'instant qui précède la rupture, la déformation devient considérable dans le voisinage de la portion où le fil se rompt. Il se produit rapidement un étranglement considérable : le fil casse.

La planche IX permet de reconnaître l'existence de cet étranglement. On avait proposé de prendre pour mesure de la tension à la rupture le quotient de la charge qui la produit par la section du fil *aminci*. Cela serait peut-être plus rationnel, mais la chose n'est pas pratique ; il est, en effet, assez difficile de déterminer d'une façon précise le diamètre du fil, à l'endroit où se présente la cassure ; il est plus simple de s'en tenir à la définition maintenant partout adoptée, et de prendre, pour trouver la tension, le quotient de la charge par la section du fil expérimenté.

La forme générale d'un des bouts de fil rompu est celle d'un pain de sucre cassé perpendiculairement à l'axe, à une certaine distance du sommet. Il arrive bien souvent que les deux sections de rupture sont concaves. Cela tient évidemment à ce que les fibres excessivement dilatées par la tension se sont contractées après la rupture, par suite de leur élasticité. Sur les parois, les fibres resserrées davantage l'une contre l'autre se prêtent beaucoup moins à ce retrait ultérieur ; de là, la forme en coupe de sections.

RUPTURE PAR TORSION

Dans le cas où la torsion est poussée à la limite extrême, nous avons déjà vu qu'il y avait également rupture, mais il est extrêmement facile de distinguer d'une façon précise les deux modes de cassure ; il n'y a entre eux aucune analogie.

La cassure par torsion est plane. Il est facile d'y reconnaître, soit directement, soit à l'aide d'une loupe, des stries en spirales qui indiquent, à ne jamais s'y tromper, le procédé qui a amené la rupture. La planche X nous donne des sections où la rupture caractéristique de la torsion est parfaitement évidente. Il est même aisé de déterminer sur la section, si la torsion a été faite autour d'un axe identique à celui du fil, ou tout au moins très voisin de cet axe. En effet, la fibre axiale laisse sur la section sa trace indiscutable. La planche X nous montre que la rupture commence par la surface; c'est là, en effet, que les déplacements moléculaires sont surtout importants, la rupture marche en spirale de la surface vers le centre, la section diminue, et il arrive un moment où elle est assez petite pour que la tension, à laquelle est soumise la barre, suffise à terminer la rupture. Cette rupture par tension, qui termine l'expérience, se fait à l'entour et dans le voisinage de la fibre axiale, qui présente alors certaine particularité. La section générale est, en effet, plane, mais sur l'une des sections, se trouve un soulèvement, sur l'autre un creux correspondant, et cela précisément au centre du système des stries, c'est-à-dire autour de la fibre axiale.

RUPTURE PAR FLEXION

Nous avons vu, dans l'étude de la déformation des cylindres, que toute déformation par flexion amène une dilatation considérable, surtout sur le contour extérieur.

Nous avons trouvé, pour l'allongement correspondant, l'expression $\dfrac{R - \rho}{\rho}$ où ρ désigne le rayon de courbure de la fibre moyenne au point situé dans la section considérée. S'il arrive que $\dfrac{R - \rho}{\rho}$ dépasse l'allongement maximum à la rupture, le fil cassera. Cela arrivera, si la courbure est suffisamment grande, c'est-à-dire ρ suffisamment petit. Mais ce n'est pas seulement dans ce cas que le fil se rompra ; nous avons vu, en effet, que, par une tension effectuée sur les extrémités du fil, on augmente la valeur de $R - \rho$.

Pour préciser, prenons un cas simple que nous avons déjà étudié en partie, celui d'un fil enroulé sur un cylindre, figure 4.

Un fil ayant été enroulé sur un cylindre, on soumet une de ses extrémités à une tension, dans le sens de la flèche sur la figure. En général, nous savons alors que ρ diminue, et, par suite, $R - \rho$ augmente, l'allongement augmente en même temps pour les deux raisons. S'il arrive ainsi à dépasser son maximum, il y a rupture. Pour être complet, nous devons, cependant, encore faire une remarque. Le cylindre sur lequel s'appuie le fil s'oppose, pour les parties du fil voisines du contour intérieur, à des déplacements considérables, par suite du frottement respectif du fil et du cylindre. Il résulte de là que les déplacements longitudinaux trouvent, dans cette circonstance, une nouvelle raison pour s'exercer principalement, sinon totalement dans la région voisine du contour extérieur. Il tendra, évidemment, à se produire dans cette région, des glissements dans le sens des fibres. C'est, en effet, ce que l'on constate. (Planche XI).

Dans la rupture par flexion, la cassure se propage du contour intérieur vers le contour extérieur; d'après les raisons données plus haut, la cassure, loin d'être normale, suit d'abord le sens des déplacements produits par la tension, elle se propage peu à peu dans le fil, comme nous l'avons indiqué sur la figure 4, elle a la forme d'une aube de roue de Poncelet.

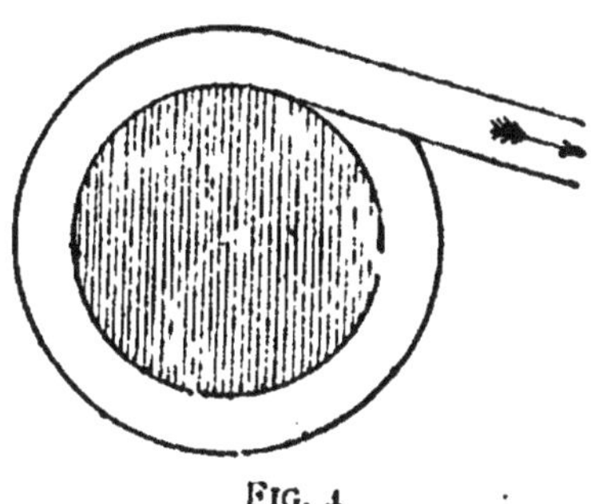

FIG. 4

La photographie de la planche XI est en parfait accord avec ce qui précède. Nous avons fait tourner de 90 degrés le fil détaché, pour montrer, en même temps, la partie restante et la partie arrachée. On voit fort bien, sur l'une et sur l'autre, la forme de la cassure.

Nous avons fait l'expérience, en enroulant le fil sur lui-même, c'est que, dans certaines administrations, en Allemagne, notamment, on soumet parfois les fils à des essais de cette nature. Signalons, à ce propos, l'importance qu'il y a, lorsque l'on fait cette expérience, à bien remarquer la tension que l'on effectue sur la portion libre du fil, pendant l'enroulement ; il est indispensable d'en tenir compte ; c'est, en effet, d'après ce que nous avons vu, en grande partie de cette tension, que dépend la rupture.

Ce mode de rupture correspond, en réalité, à une déformation gauche, à celle que nous avons spécialement étudiée, et pour laquelle nous avions trouvé des résultats en tout semblables à ceux dus à la flexion.

La rupture ainsi obtenue peut recevoir le nom de *rupture lente;* elle se propage peu à peu du contour extérieur vers le contour intérieur. La chose était parfaitement visible sur les essais que nous avons faits ; il nous est arrivé d'avoir sur le même fil quatre, cinq, six et même plus de six commencements de rupture ; chacun d'eux rentrait dans les règles que nous avons trouvées, c'était toujours le premier pas vers la forme en aube, le contour extérieur portait, en effet, les traces de plusieurs V ou chevrons indiquant les sommets de différentes aubes.

L'expérience réussit très facilement avec les fils durs, à allongement maximum à la rupture faible. Avec les fils écrouis, le résultat est plus difficile à obtenir, ce que nous avons dit précédemment nous montre pourquoi.

MM. Felten et Guilleaume, les propriétaires des importants établissements métallurgiques de Carlswerk, nous avaient envoyé, il y a quelque temps, quelques échantillons présentant ce mode de rupture, et nous en demandaient la raison d'être. Nous avons détaché, à leur intention, de ce travail, les résultats qui se rapportaient à ce fait particulier ; nos explications ont pleinement persuadé ces industriels si connus et si compétents en tout ce qui concerne la télégraphie.

RUPTURE PAR CISAILLEMENT

Il arrive, parfois, que le fil ou la barre se trouve fortement appuyé sur un autre corps, ou sur une autre portion de lui-même ; l'effort peut être assez considérable pour entraîner la rupture. La section montre bien encore dans ce cas, la nature de l'effort qui l'a produite, une partie de la section est vive, mais il est aisé d'y reconnaître à la loupe des stries, plus ou moins parallèles, caractéristiques du cisaillement. Une seconde partie est arrachée, lorsque le cisaillement a été assez grand pour diminuer suffisamment la section, les autres forces qui existaient en même temps que celles que nous considérons en ce moment comme principales ont pu exercer leur action, il y a eu rupture par tension. Nous rencontrerons bientôt des exemples curieux de rupture de cette espèce.

RUPTURE BRUTALE

Lorsque, sur un fil cassé, il est impossible de reconnaître aucun des caractères que nous avons successivement analysés, ou bien encore lorsque les caractères sont entremêlés et qu'aucun d'eux ne se détache spécialement, nous disons que la rupture est brutale ; elle est due, en général, à une série simultanée ou à une suite d'efforts de traction, de torsion et de flexion ; aucun d'eux n'était plus important que les autres et n'a point sur la section laissé sa trace caractéristique saillante.

PLIAGES

L'ÉPREUVE des pliages se fait le plus souvent à l'aide d'une pièce de fer recourbée en forme d'U, qu'on place entre les mâchoires d'un étau, et dont les bords supérieurs sont arrondis de façon à former des quarts de cercles de rayons égaux à 8 millimètres environ. On emploie également, et cela est évidemment préférable, deux pièces de fer séparées : chacune d'elles s'applique sur une des mâchoires de l'étau, les portions libres ayant la courbure indiquée. On fixe verticalement l'extrémité du fil entre les deux parties de l'instrument ;

on serre assez pour que le fil soit maintenu solidement, mais on doit s'efforcer de ne pas déformer le fil au point d'attache. On rabat alternativement la partie libre du fil à droite et à gauche jusqu'à ce que, dans chaque mouvement, il vienne exactement s'appliquer sur le quart de cercle ; on répète l'opération jusqu'à ce qu'il y ait rupture.

Dans le livre que M. Henry Vivarez a consacré à l'étude des réseaux électriques en fils de bronze silicieux, le procédé précédemment décrit est considéré comme *un peu brutal*. Nous allons, à ce sujet, beaucoup plus loin, et nos conclusions, on le verra, sont bien plus radicales.

IL est juste, tout d'abord, de se demander ce que l'on prétend estimer dans une telle opération. Notre réponse à cette question est bien simple.

Prenons un fil de coton ou un fil de soie, le nombre de pliages que nous pourrons effectuer sur lui sans l'altérer est infiniment grand, la propriété dont il s'agit est donc infiniment grande pour les matières textiles. C'est précisément cette qualité d'une extrême flexibilité, d'une extrême souplesse qui constituent dans le tissage la base de l'emploi de la soie, du coton, du chanvre... Presque partout où il a été traité des propriétés de la matière, on s'est occupé, à l'égard des métaux, de leur élasticité, de leur ténacité, de leur ductilité, de la résistance à la rupture à la traction ou à la compression, mais de la souplesse, jamais. La chose présentait, cependant, son intérêt.

Voyons, maintenant, quand il y aura lieu de tenir compte et d'apprécier la souplesse des fils métalliques. Nous venons de reconnaître, à l'instant, que la souplesse était la propriété caractéristique des matières textiles, il est donc évident *à priori* qu'une grande souplesse devra être demandée aux fils métalliques, à qui l'on voudra faire subir des opérations semblables à celles auxquelles sont soumises les matières textiles, lorsqu'on voudra, par exemple, en faire des toiles métalliques, des treillages, lorsqu'on se proposera de les employer dans la passementerie, etc. En un mot, lorsque pour une raison ou

pour une autre, solidité ou beauté, les
fibres textiles ayant été considérées
comme insuffisantes, on a recours aux
fils métalliques pour les remplacer,
ces fils doivent avoir la qualité fonda-
mentale des matières qui leur cèdent
le pas; ils doivent être aussi souples que
possible. Si l'on remarque, maintenant,
que l'emploi des fils métalliques était,
tout d'abord, exclusivement réservé aux
usages que nous venons de signaler, on
comprendra fort bien que l'épreuve du
pliage soit devenu une habitude. Un fil
métallique quelconque, il y a peu de
temps encore, ne pouvait et ne devait
servir que lorsque les autres fils étaient
insuffisants; celui qui l'avait en mains
voulait immédiatement se rendre compte
de ses qualités, il le pliait, le tordait,
pour en reconnaître la souplesse.

Que l'on examine, par exemple, dans
une fabrique de toiles métalliques, l'ouvrier auquel on donne une botte de fils ;
son premier soin sera de saisir entre les
doigts une portion quelconque de fil
dans le cœur de la botte, de la fléchir,
de la plier et de la déplier ; il est même
à remarquer que l'ouvrier fait cette opération d'une façon presque inconsciente ;
chez lui, c'est devenu une affaire d'éducation.

Qu'est-il arrivé, plus tard, lorsque
l'on a eu à employer les fils pour
des usages tout différents, pour la télégraphie ? On a eu recours aux fils de fer,
et bientôt, à peu près exclusivement aux
fils de fer *galvanisés.*

L'habitude que l'on avait de soumettre tout fil à l'épreuve des pliages
a subsisté, et, ce qui est assez curieux,
il s'est trouvé qu'elle a sa raison d'être.
En effet, un fil de fer galvanisé est
un cylindre de métal, mais un cylindre
non homogène; il était nécessaire, cependant, que le défaut d'homogénéité
ne dépassât pas une certaine limite ; il
fallait que le fil pût subir certaines
déformations, enroulements et déroule-
ments, sans que sa surface se trouvât
altérée. S'il en était autrement, le
revêtement protecteur qui le recouvre
s'écaillerait, et l'on sait que dans de
telles conditions cette même couche
remplirait un rôle tout différent de
celui qu'elle est destinée à jouer; elle
constituerait avec les portions inté-
rieures mises à nu, et sous l'influence

de l'humidité de l'air, une pile qui amènerait rapidement la détérioration du fil. Il s'est donc trouvé que l'épreuve qui nous occupe en ce moment a présenté l'avantage de permettre de reconnaître rapidement la qualité de cette couche protectrice, d'apprécier les qualités du fil de fer galvanisé ; on peut voir, par quelques pliages successifs, si la couche galvanique se frite pour ainsi dire à la moindre déformation, et, poussant l'expérience jusqu'à la rupture, on obtient une section qui montre clairement l'état d'homogénéité du métal. Ainsi, l'épreuve de pliage, après avoir pris naissance dans les conditions toutes particulières imposées dès l'origine au fil métallique, et dans l'emploi auquel il était tout d'abord destiné s'est trouvée avoir encore conservé une partie de son innportance, alors que le dit fil devait être employé à un usage tout différent de celui où on lui demandait exclusivement de la souplesse. Il est à remarquer, toutefois, que si le pliage a encore avec le fil de fer galvanisé quelque raison d'être, cela tient à des raisons bien différentes de celles qui existaient à l'origine ; cela tient, éventuellement, au défaut d'homogénéité des cylindres métalliques soumis à l'examen.

Nous avons substitué aux fils de fer galvanisés des fils de bronze, fils absolument homogènes. Nous devons examiner ce que deviendra alors l'épreuve du pliage, et quelle signification elle conservera.

Il n'y a plus lieu ici d'examiner si les couches superficielles de nos cylindres s'écaillent ; la moindre expérience, le premier essai sont en cela d'accord avec la raison. Et cependant on a conservé l'épreuve ; cela se conçoit, par suite de l'habitude prise ; l'éducation reçue, les faits précédemment constatés en ont amené le maintien.

D'après ce que nous avons vu précédemment, nous savons qu'un nombre considérable de pliages indique une très grande souplesse. Lorsqu'il s'agit de fils télégraphiques, on ne voit pas fort bien en quoi une extrême souplesse pourrait être utile. On demande au fil une résistance à la rupture considérable, on veut qu'il soit aussi bon conducteur de l'électricité que possible ; et c'est tout. Nous avons cependant essayé de trouver à l'épreuve du pliage une raison d'être ; même dans le cas présent, la seule que nous ayons rencontrée, et nous sommes persuadé que ceux qui voudront chercher si attentivement que ce soit, ne seront pas plus heureux que nous, est celle-ci : le fil est fourni en bottes ; il faut qu'il puisse facilement se dérouler ; il faut qu'il soit assez souple, pour permettre l'opération du dévidage, et pour pouvoir passer de l'état en spirales où il est livré, à l'état *tendu* où il est employé. Il ne doit pas être trop élastique, autrement sa manipulation ne serait pas aussi facile. On peut évidemment voir, par un ou deux pliages, si un fil est assez souple pour pouvoir se dévider facilement ; nous devons reconnaître, toutefois, que l'essai est assez détourné, et ce n'est certes pas là le procédé le plus simple que l'on puisse imaginer, pour savoir si un fil peut se tendre facilement ; on voit encore mieux ce qui en est dans un autre essai que l'on a toujours à faire, celui qui concerne la tension à la rupture. Quoi qu'il en soit, nous ne connaissons, relativement aux fils de bronze, aucune autre raison d'être de la preuve du pliage.

Nous arrivons, par ce qui précède, à cette première conclusion :

L'épreuve du pliage, qui a une importance considérable dans la fabrication des treillages, des toiles métalliques, dans la passementerie, etc., a conservé quelque valeur à l'égard des fils de fer *galvanisés*, mais elle perd presque toute signification, quand il s'agit des fils de bronze.

Passons à l'examen du procédé en lui-même.

PLIAGE A L'ONGLE

L'ESSAI se faisait primitivement sur des fils, en général, de petit diamètre, en tous cas, excessivement souples ; on les saisissait entre le pouce et l'index, et on les pliait sur l'ongle du pouce. Ce procédé est, évidemment, très peu rigoureux. Il ne s'applique, d'ailleurs, aisément qu'à des fils de diamètres plus petits que ceux que l'on emploie en télégraphie et en téléphonie. Si l'on veut, par exemple, faire l'essai sur des fils de deux millimètres, la chose sera impossible, l'ongle ne saurait résister à l'effort nécessaire ; le pliage à l'ongle n'est donc pas applicable. D'autre part, il ne peut fournir aucun résultat ; supposons le pliage effectué dans un sens, il faudrait pour le répéter dans l'autre, déplacer le fil et le tourner de 90 degrés ; dans cette opération, le point extrême où le fil est fixé changerait forcément ; de plus, le fil dans la seconde partie de l'opération, se déplacerait selon toute probabilité dans un plan différent de celui où s'est fait le premier pliage ; on voit donc que l'on a alors des pliages successifs à point d'attache variable et accompagné de torsions.

PLIAGE A L'ÉTAU

L'EFFORT que l'on avait à exercer pour effectuer le pliage était avec les fils de gros diamètre, maintenant employés, devenu considérable ; on a eu recours à l'étau, et, tout d'abord, à l'étau sans garniture. On a fait les pliages entre les rebords à angle vif des mâchoires ; comme toujours, il était nécessaire pour produire le pliage, d'effectuer des efforts de traction, efforts qui ne sont évidemment point mesurables ; on a, cependant, constaté bientôt que ces efforts étaient tels que la section vive de la mâchoire exerçait un cisaillement sur le fil ; la rupture que l'on obtenait était bien souvent due plutôt à la pression de ces arêtes qu'à l'influence du pliage. Les arêtes avaient, d'ailleurs, d'autant plus d'action, et cela se comprend bien facilement, que la vis de l'étau était plus fortement serrée. Il est, enfin, bien difficile, sinon impossible, de fixer le fil dans l'étau, sans qu'il y ait au point d'attache des déformations considérables.

Pour éviter l'influence prépondérante des arêtes, on a donc été obligé de les supprimer, et, pour cela, d'avoir recours au procédé décrit dans la définition du pliage à l'emploi d'un morceau de fer en U, ou plutôt encore de deux morceaux de fer séparés de la forme donnée plus haut.

Un appareil nouveau destiné à mesurer les fils au pliage a été construit récemment par M. E. Lacoine, l'éminent chef du service télégraphique de l'Empire ottoman.

Il est représenté par les fig. 5 et 6.

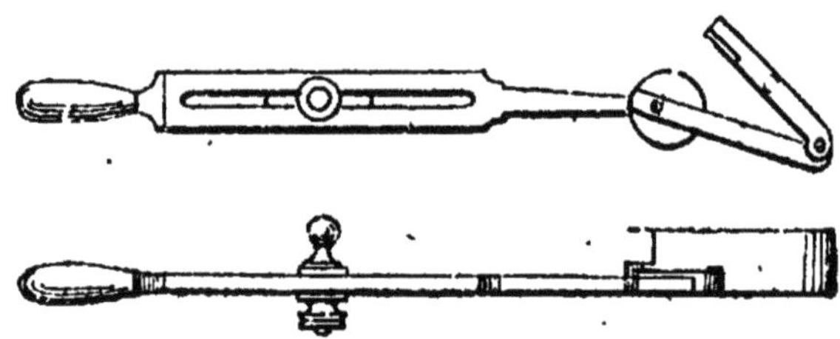

FIG. 5 et 6

Ainsi qu'on le voit, cet appareil se compose d'une mâchoire qui pince l'extrémité du fil encastrée dans deux rainures. Cette mâchoire est maintenue fermée dans un étau. L'extrémité libre du fil passe librement dans l'œil du bouton mobile, qui peut glisser dans la rainure d'une réglette, et y être maintenu par un écrou de serrage.

On imprime les mouvements alternatifs, en tenant l'appareil par sa poignée ; tout le système oscille autour du point où la réglette est réunie à la mâchoire.

La réglette porte une division en centimètres, qui sert à fixer la position de l'œil, à partir de l'axe de rotation. Cette distance doit être indiquée dans les cahiers des charges. Elle est d'autant plus petite que le fil à mesurer est plus fin.

PLIAGES SUCCESSIFS

En admettant même que l'essai soit fait entre des mâchoires convenables, nous allons voir qu'il ne peut, cependant, conduire à aucun résultat précis. En tout cas, il y a déformation au point d'attache, le fil primitivement cylindrique, lorsqu'il se trouvera comprimé entre les deux lames parallèles, ne conservera plus sa section circulaire ; il sera aplati et cela d'autant plus que l'étau sera plus fortement serré. Dans de telles conditions, on ne peut définir d'une façon précise l'état auquel est par-

venu le fil ; on ne peut non plus espérer
pouvoir, sur un même fil, répéter l'expérience dans des conditions identiques.
Plus nous irons de l'avant, et plus nous
reconnaîtrons que les chances que l'on
a pour obtenir sur un fil des nombres
de pliages identiques, dans deux expériences distinctes, sont excessivement
petites.

Quoi qu'il en soit, supposons le fil placé
verticalement entre les mâchoires, nous
le plions à droite pour l'appliquer sur
le premier quart de cercle ; or, le fil est
plus ou moins flexible, cela dépend non
seulement de sa nature, mais aussi de
son diamètre ; si le fil a un rayon assez
grand relativement au rayon du quart
de cercle, une simple flexion ne sera
pas suffisante pour amener le contact,
il faudra en même temps le soumettre à

une tension, et cette tension a pour
effet d'augmenter encore les dilatations
produites par la flexion. Le fil est appliqué sur le premier quart de cercle. Pour
se conformer à la définition même du
pliage, on devrait donner à la section
médiane longitudinale perpendiculaire à
l'étau un déplacement dans le plan qui
contient cette section, et qui est par
hypothèse celui dans lequel s'est déplacé
la force produisant le premier mouvement. Pratiquement, la chose ne se peut
pas, on aura des déplacements qui ne
satisfont qu'approximativement à cette
condition. Nous allons voir de plus que,
dans cette seconde partie de l'opération,
il sera nécessaire d'exercer sur le fil une
tension considérable. Il faut, en effet,
redresser le fil, et, si on déplace la portion libre sans lui appliquer un effort de

traction suffisant, il conservera la forme qu'il a déjà obtenue ; sa courbure se maintiendra (voir la figure médiane. de la planche XII), et, pour arriver à obtenir le résultat désiré, il · faudra tirer le fil, en le pressant contre le second quart de cercle. Il est à remarquer, toutefois, que, en général, après avoir amenée la coïncidence à être aussi parfaite que possible, l'existence de la courbure que l'on avait précédemment obtenu se fait encore très bien sentir, l'opération une fois terminée (voir planche XII). On voit donc que l'on fait subir aux molécules des déplacements relatifs considérables ; les parties dilatées sont ensuite contractées, et réciproquement. Supposons que l'expérience soit continuée, et ramenons le fil à sa position primitive. Les déformations consécutives, dues à la fois aux pliages et aux tractions, auront, eu pour résultat d'allonger le fil, à partir du point d'attache. Nous concevons qu'un nombre restreint d'opérations de cette nature sera suffisant pour amener la rupture.

G'est lorsqu'on applique le fil sur l'un des quarts de cercle, et aussi lorsqu'on le relève pour l'amener sur le second, que les dilatations et les contractions, d'une part, que l'allòngement dû à la tension, de l'autre, atteignent leur valeur maximum. On peut donc prévoir que c'est dans le voisinage de cette portion que se produira la rupture ; il arrive souvent que la rupture commence sur l'un des contours (alors extérieur) pendant l'application sur un des quarts de cercle ; elle continue alors pendant qu'on relève le fil, en entamant l'autre

contour. Sur la section, les deux portions de l'arrachement correspondant
aux deux actions différentes sont, en
général, facile à reconnaître. On arrive,
d'ailleurs, en tout cas, à des ruptures
qui indiquent parfaitement le mode
d'action qui les a produites. (Voir
planches XIII et XIV.)

Les conclusions auxquelles nous
sommes arrivé dans l'étude de la déformation par flexion vont encore ici nous
servir à préciser et à compléter les conséquences que nous tirerons de l'observation.

On sait que, sur le contour extérieur
la dilatation a pour expérience $\dfrac{R - \rho}{\rho}$.
Supposons que le fil sur lequel on opère
ait un diamètre de 2 $^m/_m$ et que chacun
des quarts de cercle ait 8 $^m/_m$ de rayon ;

R est alors égal à $10\,{}^{m}/_{m}$; nous admettons, de plus, que le fil considéré ait un allongement maximum à la rupture égal à $\frac{1}{100}$. Pour qu'il n'y ait pas rupture, il faudra nécessairement que l'on ait $\frac{R-\rho}{\rho} < \frac{1}{100}$ ce qui nous donne $\rho > \frac{1000}{101}$ ou $\rho > 9,901$.

La fibre moyenne se trouve à moins de un dixième de millimètre du contour extérieur. Il en résulte des contractions considérables sur le contour intérieur, et dans le mouvement qui va suivre ces contractions doivent se changer en dilatations. De là des déplacements relativement très grands dans la distance des molécules qui contribueront pour une bonne part à occasionner la rupture. Nous avons vu que, dans toute la série

des opérations, on devait soumettre le
fil à des tensions de plus en plus fortes ;
on rapproche donc en chaque cas la
fibre moyenne de la position qu'elle ne
doit pas dépasser ; cette limite se trouve
même bien rapidement atteinte, d'autant plus vite que le fil sera plus tendu.
Nous avons là un procédé certain pour
diminuer le nombre de pliages dans un
essai quelconque. Il est évident, d'après
ce qui précède, que l'on ne peut pas
attendre d'un fil auquel on réclame un
allongement à la rupture très faible, un
nombre de pliages considérables, même
en supposant l'épreuve aussi bien faite
que possible. Il y a nécessairement in-
compatibilité complète entre une faible
dilatation à la rupture et une souplesse
parfaite. Le résultat pouvait fort bien se
prévoir à l'avance.

Le raisonnement et les observations qui précèdent nous fournissent des preuves irrécusables de sa réalité On peut dire que le nombre de pliages que peut subir un fil est fonction de l'allongement à la rupture. L'indétermination, la difficulté où l'on se trouve pour donner à un fil une caractéristique fournie par l'épreuve qui nous occupe, ne permettent point de reconnaître la loi qui relie ces deux nombres. Il nous suffit, d'ailleurs, de savoir qu'un fil qui s'allonge peu ne doit certainement pas fournir un nombre élevé de pliages.

Si l'on veut faire des essais sur des fils de différents diamètres, il est nécessaire de prendre, pour avoir des résultats relativement comparables, des quarts de cercle de rayons différents. Dans une même série d'expériences, pour espérer que les nombres obtenus présentent quelque analogie, il faut que le rapport entre le rayon du quart de cercle et celui du fil soit constants.

Nous disons avec intention espérer ; on n'est en effet jamais certain d'obtenir pour un même fil le même résultat. Nous avons déjà vu que le serrage de l'étau entrait en ligne de compte, nous savons d'autre part que les tensions exercées sur le fil jouent un rôle important ; nous devons encore signaler une autre raison qui tend à aggraver encore les divergences entre les nombres obtenus. On arrive à des résultats tout à fait différents, toutes choses étant d'ailleurs aussi égales que possible, si l'on opère avec plus ou moins de rapidité.

Un fil sur lequel l'épreuve était vivement faite cassait après six pliages ; lors-

que l'épreuve a été menée lentement, il
a résisté jusqu'au quatorzième pliage.
L'expérience est facile à réaliser, on peut
en donner l'explication suivante. Nous
savons qu'il y a rupture lorsque les molécules voisines cessent d'agir l'une sur
l'autre ; quand un fil est déformé, les
molécules déplacées exigent en général
un temps assez long pour prendre un
nouvel état d'équilibre définitif. Cette
observation a été faite bien des fois déjà
et dans des conditions absolument différentes.

Ici, si nous opérons rapidement, nous
profiterons de tous les déplacements
moléculaires introduits, qu'ils soient
stationnaires ou non ; si nous faisons
l'expérience lentement, nous laisserons
aux molécules le temps de s'orienter, de
se disposer, de prendre de nouveau leur

état d'équilibre. De là ces différences qui peuvent varier du simple au triple. D'ailleurs, le fait existe, que l'explication que nous en donnons soit bonne ou mauvaise.

Il est juste de faire observer aussi que le fil subit dans l'opération du pliage un changement d'état dont il convient de tenir compte. Pendant l'expérience, il y a, par suite des déplacements moléculaires, production considérable d'électricité, ce qui est assez intéressant mais n'a pas d'importance dans nos recherches présentes, et aussi, ce qui est plus important pour nous, production de chaleur. Il y a alors écrouissage de la portion soumise à l'épreuve, écrouissage d'autant plus grand que le pliage se fait avec plus de vitesse.

C'est là une nouvelle raison à ajouter

à celles déjà données pour expliquer la rupture par le pliage et aussi la divergence des résultats obtenus suivant la rapidité avec laquelle on opère.

Nous voyons, en somme, que l'opération du pliage comporte trop de facteurs pour que les résultats qu'elle fournit puissent se comparer entre eux. Il suffit d'ailleurs de faire faire l'expérience sur un même fil par deux observateurs différents et indépendants l'un de l'autre pour être fixé sur la valeur de cette épreuve, et cela indépendamment de la signification et de la portée qu'on voudrait lui attribuer.

BOUCLES

Dans la pose des lignes de bronze silicieux, il est utile de prendre quelques précautions particulières dues au faible diamètre du fil employé. Les ouvriers habitués à poser les fils de fer se trouvent, dès l'abord, embarrassés dans le maniement de ce fil deux, trois et même quatre fois plus fin. Ils sont exposés à commettre quelques erreurs de détail, à faire quelques fausses manœuvres qu'il est utile de signaler.

M. H. Vivarez a étudié dans son

livre, et indiqué le meilleur procédé à employer pour dérouler les fils, et éviter la formation des boucles ; nous n'aurons pas à revenir ici sur la question. Nous nous proposons, seulement, d'étudier les boucles en elles-mêmes, de leur appliquer les méthodes employées jusqu'ici dans ce travail ; nous voulons étudier leur loi de formation, reconnaître qu'il y a lieu d'en distinguer différentes espèces, et voir ce qui caractérise une boucle donnée.

——————

IL est toujours facile, avec un fil de nature quelconque de constituer une boucle. Nous considérerons plus particulièrement le cas qui se présente

dans la pratique où l'on prend du fil
de bronze dans une botte. Dans cette
botte, le fil est enroulé en spires ; nous
retirons une de ces spires, nous la cou-
pons en lui consacrant la forme à peu
près plane qu'elle a, dès l'abord, et
nous saisissons de chaque main une de
ses extrémités.

Nous appelons plan primitif, le plan de
la spire qui nous sert de point de départ ;
nous pourrons le supposer vertical, pour
que l'action du poids du fil puisse être
supposée négligeable.

Par le milieu de la portion du fil
ainsi détachée, nous menons une droite
normale au fil situé dans le plan primitif,
ce sera l'axe, et le point milieu, le
sommet.

Exerçons sur les deux extrémités
des tensions symétriques par rapport

à l'axe, nous obtenons une boucle (fig. 7) sur laquelle nous faisons les remarques suivantes. La figure représente la projection sur le plan primitif de la figure obtenue par le fil. A cause de la symétrie supposée pour les tensions en A et B, le fil a une forme parfaitement symétrique par rapport à l'axe S C, et, le point S peut encore après la déformation être appelé sommet du fil.

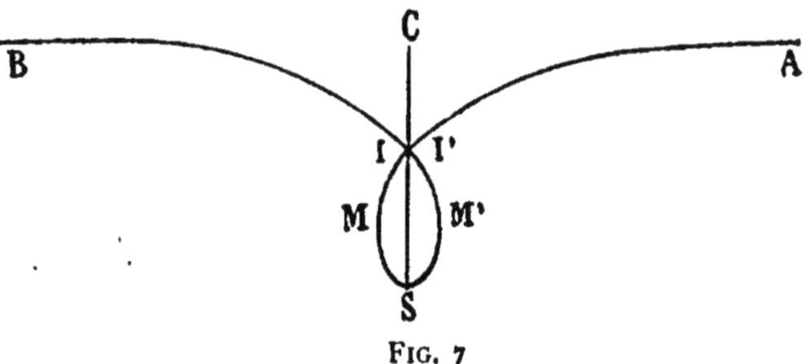

FIG. 7

Mais en ce point, le plan osculateur au contour extérieur, par exemple, a été dévié, il passe toujours par la droite S C, nous lui donnerons le nom de plan d'inclinaison, et l'angle qu'il fait avec le plan primitif sera l'inclinaison de la boucle. Nous désignerons enfin par parties latérales les portions S M I, S M' I', du fil représentées sur la figure qui se sont, l'une élevée au-dessus, l'autre abaissée au-dessous du plan primitif.

Ces différentes dénominations nous permettront de décrire une boucle d'une façon complète et précise.

Il est évident que, pour un même fil, la boucle à laquelle on arrive varie avec le rayon de la spire initiale, avec la direction suivant laquelle se font les efforts, avec la grandeur de la tension ; enfin, cette forme dépend aussi de l'élasticité du métal.

Pour éviter toute complication, nous

supposerons dans la suite que les efforts sont[toujours exercés dans le plan primitif.

Prenons quatre bouts de fil provenant de la même botte, par suite aussi identiques que possible. Formons avec chacun d'eux une spire d'hélice en l'appliquant sur un cylindre de diamètre déterminé par une tension suffisante pour amener la coïncidence, la tension étant la même dans les quatre cas.

Nous nous arrangerons, de plus, en sorte que le pas des spires soit aussi égal que possible pour les quatre bouts de fils, de manière que nous ayons des fils absolument comparables l'un à l'autre. Le premier bout ne sera plus, après cette opération, soumis à aucun effort, à aucune action nouvelle, il est toujours utile de savoir d'où l'on est parti. Le second, par une tension exercée sur ces extrémités, nous permet de constater que l'hélice primitive se déforme; on obtient encore, cependant, une sorte d'hélice, on a une boucle pour laquelle la distance des points I I' augmente en même temps que l'inclinaison de la boucle. Quand la déformation est déjà considérable, nous nous arrêtons et nous opérons sur le troisième bout. Une tension de même espèce nous conduit alors à une sorte de boucle qui sera semblable à celle obtenue avec le deuxième bout, si nous partons d'une spire identique et si nous opérons de la même manière.

Nous continuons à accentuer la tension, soit avec la main, soit avec un appareil de traction.

Si le pas de l'hélice primitive était suffisamment grand, le plan d'inclinaison deviendrait bientôt perpendiculaire à la ligne de traction, l'élasticité dans le voisinage du sommet éloignant considérablement les parties latérales ; l'inclinaison augmente de plus en plus. Arrêtons-nous, et prenons le quatrième bout, nous opérons de la même manière et nous constatons que nous passons successivement de la première à la deuxième, puis à la troisième portion. Nous continuons encore au delà ; le fil se redresse de plus en plus et arrive à être presque rectiligne.

Depuis que l'inclinaison a dépassé 90°, il ne reste plus en réalité de boucle ;

nous pouvons dire que, dans ce cas, la boucle s'est résorbée. Les planches XV et XVI nous montrent deux projections des différentes positions obtenues ainsi successivement.

Faisons subir des opérations semblables à une autre série de quatre bouts de fil, mais en prenant pour l'hélice primitive un rayon de spire moindre que précédemment, tout en conservant le même pas. Les tensions qui nous conduisent à des formes semblables à celles obtenues dans l'expérience précédente en second et en troisième lieu seront bien plus considérables ; c'est ce que nous permet de reconnaître la mesure de la traction dans les deux cas. Mais, si nous allons encore plus loin, nous observons qu'il n'est plus possible de redresser à peu près complètement notre fil, avant que l'inclinaison n'approche de 180°, il y a rupture.

Sur les planches XVII et XVIII, nous avons les quatre bouts dans leurs différents états; il ne nous a plus été possible ici d'aller bien loin au delà de la troisième position sans que la rupture commence.

Si enfin les rapports du pas de l'hélice au rayon de la spire et au diamètre du fil sont de petits nombres, nous ne pourrons même plus aller aussi loin que précédemment.

Dans le cas des planches XV et XVI, la boucle disparaissait à un certain moment; à partir d'une certaine tension, il n'y avait plus lieu de parler des parties latérales telles qu'elles ont été définies; il n'en sera plus de même dans le cas présent. La boucle subsiste, quelle que soit la tension exercée, l'inclinaison est et demeure inférieure à 90 degrés.

Pratiquement, nous sommes dans le cas le plus dangereux.

Nous reconnaissons donc dès maintenant différentes sortes de boucles. Les unes par une tension suffisante se résorbent, pour ainsi dire, complètement ; la torsion totale, répartie dans toute la spire primitive, se distribue d'abord dans une portion un peu moindre du fil, mais reste, en tout cas, étendue sur un espace suffisant pour que son action soit peu sensible. Nous disons que la boucle est alors *indifférente*.

Pour d'autres boucles, il est encore

possible d'exercer un effort suffisant pour que l'inclinaison dépasse 90 degrés, mais on ne peut plus alors redresser le fil, quelque effort que l'on fasse.

On est exposé, si l'on accentue la tension à provoquer la rupture du fil. La boucle sera dite *dangereuse*.

Enfin, il est possible, en s'y prenant convenablement, de former des boucles qui conservent la forme de boucles, quel que soit l'effort exercé, c'est-à-dire pour lesquelles l'inclinaison devienne toujours inférieure à 90 degrés. On dira alors qu'on a affaire à une boucle à *double rupture*.

Il est certain qu'il y a entre les différents types fondamentaux toutes les formes de passage. Les figures des planches XIX et XX ont été obtenues toutes avec un même fil, le pas de l'hélice de départ était le même, on a effectué la même traction ; le rayon de la spire primitive seule a varié pour les différents bouts et d'une manière continue. Nous avons une série d'états montrant nettement les variations successives de forme que peut prendre le fil.

Les boucles à double rupture se présentent assez rarement ; pour les obtenir il faut y prêter la main. Partant d'une spire quelconque, il faudra avoir soin pendant la traction de maintenir rapprochés les points I et I' et de réagir ainsi contre l'élasticité du fil qui aurait sans cela pour effet, comme cela a lieu en général, d'augmenter l'inclinaison et de conduire, même dans les cas extrêmes, à des boucles dangereuses ou indifférentes.

On réussit assez bien l'expérience

en formant avec le bout tiré de la botte
une spire de sens contraire à celui
qu'elle présentait dans la botte, on
pourra alors presque fermer complètement la boucle sans que les points I et
I' s'éloignent l'un de l'autre. Un tel
mouvement ne se présente, d'ailleurs,
jamais dans le déroulement des fils.
Dans la pratique, les boucles indifférentes sont les seules qui peuvent le
plus souvent se produire ; encore faut-
il, pour qu'elles se présentent, que l'ouvrier soit inexpérimenté ; il est nécessaire qu'il y ait eu une fausse manœuvre,
que le fil ait été tordu ou qu'il ait été
emmêlé.Quant aux boucles dangereuses,
en supposant que, pour une raison ou
pour une autre, il s'en est formé une,
il est facile de reconnaître son existence
et d'y remédier avant qu'elle ne soit

fermée ; si dans une portion du fil déroulé on aperçoit une boucle dont les parties latérales sont peu éloignées, c'est-à-dire telle que la distance II' soit petite relativement à la grandeur de la boucle, on a à craindre qu'elle ne devienne dangereuse.

Ce que nous avons dit précédemment montre ce qu'il y a à faire dans un tel cas. Mieux vaut toujours une déformation répandue sur une portion considérable du fil, qu'une déformation ne portant que sur un espace restreint.

On exercera sur le contour de la boucle qui se termine en II' une flexion légère, suffisante toutefois pour éloigner ces deux points. Ou bien encore, on saisira d'une main le fil en I, de l'autre en I', on éloignera les mains en sens inverse et normalement au plan de la

boucle, un très petit effort sera ample-
ment suffisant pour changer ainsi la nature de la boucle.

Si pourtant une boucle à double rupture s'était formée, ou bien encore si
l'on apercevait trop tard, après qu'elle
s'est à peu près fermée, de l'existence
d'une boucle dangereuse, il est inutile
d'hésiter ; on doit couper le fil en cet
endroit et *faire une soudure ou placer
un manchon.*

Nous avons vu précédemment que
dans le cas des boucles dangereuses, on ne peut point par une tension
redresser le fil. On arrive à un état où
la torsion, répandue tout d'abord sur
toute la spire, puis sur les parties laté-

rales, puis enfin dans la portion qui avoisine le sommet; s'étend, en somme, sur un espace relativement petit. Cette torsion s'oppose d'une part à un redressement plus grand du fil, d'autre part, elle amène des déplacements moléculaires qui, joints à ceux produits par la traction considérable que l'on doit déjà exercer peuvent fort bien entraîner la rupture.

Il est souvent facile d'arrêter l'opération au moment où la rupture a déjà commencé à se produire (pl. XXI); nous avions déjà, d'ailleurs, constaté le fait sur la quatrième figure de la planche XVII; il est ici encore beaucoup plus frappant. Si la rupture est complète, on obtient alors deux bouts qui, placés côte à côte, sont absolument identiques. La section se fait alors par glissement, il est facile de le reconnaître à sa surface striée, presque plane et ne présentant en général, de points d'arrachement que sur le contour extérieur.

En un mot, cette section porte la trace de la torsion qui est ici une des causes principales de la rupture.

Les faits que nous venons de constater sont simplement des cas limites de ce qui arrive pour les boucles à double rupture. Pour celles-ci, il y a deux portions où les déformations sont surtout considérables. Alors, en effet, le fil déjà déformé par une flexion très grande le long de la petite boucle est dans une position telle que les parties latérales appuient l'une sur l'autre; toute la torsion est pour ainsi dire concentrée dans ce petit espace, et principalement de côté et d'autre du sommet S; de là, l'existence de deux plans symétriques par rapport à l'axe de la boucle le long desquels la rupture est à craindre.

On constate, en effet, qu'en général il y a double rupture. La partie qui est comprise entre les deux plans de rupture et qui comprend le sommet S est parfois complètement détachée et projetée au loin; elle montre clairement les deux sections à peu près planes et bien striées dues à la rupture par torsion.

Il arrive, cependant, le plus souvent, et cela se conçoit facilement, que cette portion intermédiaire reste attachée par quelques fibres à l'un des bouts, mais l'observation conserve alors encore toute sa netteté.

On voit maintenant pourquoi nous avons choisi, pour les boucles présen-

14

tant ce phénomène, le nom de boucle à double rupture. Lorsque l'inclinaison limite atteint 90°, les deux plans de déformations principales se confondent et passent par le sommet. Au delà de cette limite, ils sont remplacés par un seul plan de rupture par torsion dans lequel les déplacements moléculaires sont d'autant plus petits que l'inclinaison limite se rapproche plus de 180 degrés.

CONCLUSION

Il nous a semblé utile de résumer et de détacher de notre travail les principales conclusions auxquelles nous sommes arrivé. Quelques-unes d'entre elles nous semblent assez importantes pour être prises en considération.

I. — L'étude de la déformation des corps solides, au delà de la limite d'élasticité, est de la dernière importance dans le laminage, le tréfilage, l'emboutissage, pour le forgeron, le chaudronnier, etc.

Nous n'avons étudié dans ce travail que les déformations considérables des cylindres qui trouvent leur application dans les essais ou les manipulations auxquelles on soumet les fils de bronze téléphoniques et télégraphiques.

II.—1° Dans la déformation des cylindres par flexion, lorsqu'il n'y a qu'une seule courbure, les dilatations longitudinales sont maximum sur le contour extérieur, minimum sur le contour intérieur. Elles sont de valeur absolue, d'autant plus grande que la courbure est plus considérable.

Il existe une fibre moyenne qui nous permet de nous rendre compte de la grandeur des déplacements longitudinaux, et aussi de calculer l'expression de l'allongement sur le contour extérieur du cylindre déformé. La fibre moyenne n'est pas fixe, on peut la déplacer par des tractions exercées sur les extrémités du fil ; elle se rapproche alors du contour intérieur, et peut même dépasser ce contour et devenir virtuelle.

2° Dans la déformation par tension existe une fibre axiale où les déplacements transversaux sont nuls. Les points de la fibre axiale sont seulement soumis, à un instant donné, à des allongements dus à la traction. Lorsque la torsion est excentrique, la même conclusion subsiste.

3° Dans la déformation gauche, nous avons examiné plus spécialement le cas de l'enroulement en hélice, et nous avons alors trouvé des conclusions analogues à celles relatives à la déformation par flexion.

III. — Tout procédé de rupture bien net laisse sur la section de rupture sa trace caractéristique.

1° La rupture par traction donne deux bouts dont la surface extérieure est effilée en forme de pains de sucre tronqués, la section étant souvent en coupe.

2° La rupture par torsion donne des sections planes, striées en spirales, et ayant un centre où il y a eu arrachement.

3° La rupture par flexion et tension, en prenant un solide pour appui, nous donne des cassures qui commencent sur le contour extérieur en forme de V ou de chevrons, se propagent à l'intérieur dans le sens de la traction, et ont définitivement la forme en aube.

4° La rupture par cisaillement est caractérisée par la présence de stries parallèles, on y voit de plus, en général, une surface d'arrachement.

Une section ne présentant aucun de ces caractères est la suite d'efforts de natures diverses, aucun de ces efforts n'étant le plus important.

VI. — 1° L'épreuve du pliage dont on reconnaît facilement l'importance lorsqu'il s'agit d'essayer des fils métalliques destinés à remplacer les matières textiles, conserve encore en télégraphie et en téléphonie quelque valeur en ce qui concerne les fils de fer *galvanisés,* mais n'a plus, pour ainsi dire, aucune portée quand il s'agit de fils homogènes comme les fils de bronze.

2° Considérée en elle-même, l'épreuve du pliage est une épreuve grossière qui ne peut être répétée deux fois d'une façon identique, que l'on fasse l'essai à l'ongle ou à l'étau, sans garnitures ou avec garnitures.

3° Des observateurs différents arrivent à des nombres différents. Le même observateur peut obtenir un nombre de pliages variant du simple au triple, suivant la rapidité avec laquelle il expérimente.

4° L'épreuve du pliage telle qu'elle est faite est souvent en contradiction pour un fil avec les qualités requises, d'autre

part, particulièrement avec la limite d'allongement à la rupture.

V. — Les boucles peuvent être divi-
sées en plusieurs classes : boucles indifférentes, boucles dangereuses, boucles
à double rupture, suivant le mode de
variation avec la tension de l'angle que
fait le plan primitif avec le plan d'inclinaison de la boucle.

Les boucles indifférentes se rompent
par traction comme les fils sains.

Les boucles dangereuses donnent une
rupture par torsion au sommet de la
boucle.

Les boucles à double rupture présentent deux sections suivant des plans
différents et qui comprennent le sommet.
La portion de fil qui est voisine du sommet se détache totalement ou en partie

des deux bouts extérieurs à la boucle. Si une boucle dangereuse se formait, on peut la rendre indifférente.

Si une boucle dangereuse était fermée en un point, on devra y couper le fil et faire une soudure ou relier les bouts par un manchon.

Tels sont les résultats principaux auxquels nous sommes arrivé dans cette première série de recherches. Nous avons dû laisser de côté, pour ne pas être trop long, bien des expériences; nous avons omis bien des données numériques qui, pour nous, cependant, offraient le plus grand intérêt. La raison qui nous a ainsi retenu est la suivante : Les conclusions auxquelles nous sommes arrivé sont vraies, quel que soit le métal d'où l'on part, pourvu toutefois qu'il soit homogène. Les nombres que nous aurions pu donner se rapportaient pour la plupart aux bronzes et, en particulier, au bronze silicieux. Nous avons cru devoir négliger quelques résultats tout spéciaux devant les conclusions tout à fait générales que nous avons obtenues.

Terminons en disant que nous serons heureux si notre exemple est suivi. Nous sommes persuadé, en effet, que c'est par une attention de chaque instant, par un examen de tous les détails

que l'industrie peut aller de l'avant,
s'appuyant sur la science, lui donnant
d'autre part des renseignements et
peut-être même des aperçus nouveaux.

Juin 1885.

TABLE DES MATIÈRES

I

II

TYP. T. SYMONDS
90, RUE ROCHECHOUART,
PARIS.

www.ingramcontent.com/pod-product-compliance
Ingram Content Group UK Ltd.
Pitfield, Milton Keynes, MK11 3LW, UK
UKHW020153130726
13696UKWH00002B/479